## Vorwort.

Das vorliegende Buch ist hervorgegangen aus Vorlesungen, die der Verfasser an der Techn. Hochschule Braunschweig für Maschinen- und Bauingenieure in höheren Semestern gehalten hat. Es beschränkt sich auf die Wiedergabe der Grundlagen der technischen Schwingungslehre, ohne auf verwickeltere Schwingungsvorgänge und auf die praktische Anwendung im einzelnen näher einzugehen. Nach zwei Richtungen weist das Buch besonders starke Lücken auf: Es wird nicht auf elektrische Schwingungen eingegangen, wiewohl gerade die Behandlung von Schwingungsaufgaben in der Elektrotechnik besonders große Wichtigkeit hat, und es werden nur wenige Literaturangaben gemacht. Nach beiden Richtungen bietet das Buch von W. Hort „Technische Schwingungslehre" Ersatz.

Die eigentlichen Grundzüge der technischen Schwingungslehre werden in den ersten 3 Kapiteln gebracht. Die Zusammenfassung in der vorgesehenen Weise ist neu; sie bietet den Vorteil, daß die verschiedenen Probleme auf wenige Grundaufgaben zurückgeführt werden können, was namentlich für die Behandlung verwickelterer Schwingungsaufgaben wesentliche Erleichterungen bringt.

Im 4. Kapitel ist die geringe Bedeutung des Einflusses der Dämpfung auf die Schwingungsdauer in technisch wichtigen Fällen nachgewiesen. Besondere Beachtung verdienen in dieser Richtung die Ausführungen im Anschluß an Abb. 50.

Im 5. und 6. Kapitel werden Sonderaufgaben behandelt.

Das 7. Kapitel befaßt sich mit der Schwingungsfestigkeit der Baustoffe. Betrachtungen dieser Art werden, soweit sie überhaupt angestellt werden, gewöhnlich in Büchern über Festigkeitslehre gebracht. Dem Verfasser schien es aber wichtig, daß sich die Ingenieure, die sich mit Schwingungsfragen befassen, auch eine Vorstellung über die Beanspruchung der Baustoffe durch Schwingungen machen, zumal die meisten Betrachtungen über Schwingungen, wenigstens im Maschinenbau, mit Rücksicht auf Festigkeitsfragen angestellt werden. Die mitgeteilten Versuchsergebnisse sind größtenteils vom Verfasser selbst gewonnen worden. Besondere Beachtung verdient § 43.

Das 8. Kapitel ist eine Wiedergabe des Inhalts einer Vorlesung des Verfassers über Massenkräfte und Massenausgleich.

Das 9. Kapitel endlich handelt vom Äther und der Ätherschwingung und betrifft ein Gebiet, das nicht mehr der technischen Schwingungslehre, sondern der theoretischen Physik zugehört. Der Übergriff in das Nachbargebiet liegt zu nahe für denjenigen, der sich eingehender mit Schwingungsaufgaben befaßt. Der Verfasser glaubte, daß sich auch unter den Lesern dieses Buches manche befinden möchten, die Interesse für die letzten Fragen aus der Schwingungslehre haben, und so gab er im 9. Kapitel das Bild wieder, das er sich selbst über Äther und Ätherschwingung gemacht hat.

Braunschweig, 15. August 1923.

O. Föppl.

# Inhaltsverzeichnis.

Seite

I. **Eingliedrige Schwingungsanordnungen** . . . . . . . 1
  § 1. Einführung . . . . . . . . . . . . . . . . . . . . 1
  § 2. Drehschwingung von Welle mit Schwungmasse . . . . 5
  § 3. Biegungsschwingung von Balken unter Vernachlässigung der Balkenmasse . . . . . . . . . . . . . . . . 7
  § 4. Schwungmasse mit Spiralfeder . . . . . . . . . . 9
  § 5. Das Fadenpendel mit kleinem Ausschlag . . . . . . 10
  § 6. Das physikalische Pendel . . . . . . . . . . . . 11
  § 7. Das Pendel mit großem Ausschlag . . . . . . . . 12

II. **Mehrgliedrige Schwingungsanordnungen** . . . . . . 14
  § 8. Zwei Massen zwischen einer Zugfeder . . . . . . . 14
  § 9. Drei und mehr Massen mit zwischenliegenden Zugfedern 17
  § 10. Annäherungsverfahren zur Bestimmung der Schwingungsdauer 1. Ordnung . . . . . . . . . . . . . . . 20
  § 11. Grenzfälle und Schwingungen höherer Ordnung . . . 23
  § 12. Drehschwingungen . . . . . . . . . . . . . . . . 25
  § 13. Schwingungen eines gespannten Seiles, das mit mehreren Massen behaftet ist . . . . . . . . . . . . . . 28
  § 14. Biegungsschwingungen einer Welle gleicher Stärke mit mehreren Massen . . . . . . . . . . . . . . . . 29
  § 15. Fortsetzung für Wellen mit veränderlichem Durchmesser 34
  § 16. Einspannung an beiden Enden . . . . . . . . . . 35

III. **Wellenbewegungen** . . . . . . . . . . . . . . . . . 36
  § 17. Geradlinige Schwingung von Massen zwischen Federn 36
  § 18. Die stehende Schwingung . . . . . . . . . . . . 39
  § 19. Schwingungen von sehr kleiner Wellenlänge . . . . 41
  § 20. Die Saitenschwingung . . . . . . . . . . . . . . 43
  § 21. Die schwingende Saite mit einer Einzellast in der Mitte 45
  § 22. Die Schwingung einer Feder mit Gewicht . . . . . 48
  § 23. Lösung der gleichen Aufgabe durch Annäherung . . 50
  § 24. Schwingung eines Schachtlotes . . . . . . . . . 52
  § 25. Biegungsschwingung eines Balkens unter dem Eigengewicht . . . . . . . . . . . . . . . . . . . . 54
  § 26. Verdrehungsschwingungen von unbelasteten Wellen . 59
  § 27. Transversalwellen in festen Materialien . . . . . . 61
  § 28. Energiefortragende Wellen . . . . . . . . . . . 63
  § 29. Fundamentschwingungen . . . . . . . . . . . . 68

# Inhaltsverzeichnis.

IV. **Phasenverschiebung, gedämpfte und erzwungene Schwingungen** .................... 70
  § 30. Phasenverschiebungswinkel .............. 70
  § 31. Gedämpfte Schwingungen .............. 71
  § 32. Erzwungene Schwingungen .............. 76
  § 33. Drehzahlregelung durch Gleichhaltung der Phasenverschiebung ..................... 79

V. **Gekoppelte Schwingungen** ............. 80
  § 34. Das Doppelpendel .................. 80
  § 35. Das Schaukelpendel ................ 84

VI. **Pseudoschwingungen und Biegungsschwingungen von umlaufenden Wellen** .............. 91
  § 36. Die Biegungsschwingung der umlaufenden Welle ... 91
  § 37. Stabilität des Gleichgewichts ............ 93
  § 38. Instabilität in der Nähe der kritischen Geschwindigkeit 98
  § 39. Kritische Biegungsschwingungen der umlaufenden Scheibe als Folge von Drehzahlschwankungen ........ 98

VII. **Schwingungsfestigkeit und Schwingungsrisse** ... 100
  § 40. Schwingungsbeanspruchung ............. 100
  § 41. Biegungsschwingungsfestigkeit ............ 101
  § 42. Drehschwingungsfestigkeit ............. 114
  § 43. Innere Energieaufnahmefähigkeit des Werkstoffes .. 117

VIII. **Massenkräfte und Massenausgleich** ......... 119
  § 44. Einführung .................... 119
  § 45. Der Kurbeltrieb .................. 121
  § 46. Die Massenkräfte 1. und 2. Ordnung ....... 124
  § 47. Die Massenkraftmomente ............. 126
  § 48. Massenausgleich bei Kolbendampfmaschinen ..... 127
  § 49. Massenausgleich bei Verbrennungsmaschinen ..... 131

IX. **Gravitation und Trägheit** .............. 136

# I. Eingliedrige Schwingungsanordnungen.

**§ 1. Einführung.** Die einfachste Art einer Schwingungsanordnung ist gegeben durch eine Masse, die durch eine örtlich veränderliche Kraft Beschleunigungen erleidet. Eine solche Schwingungsanordnung wird z. B. erhalten, wenn man an eine Schraubenfeder, die an einem Ende festgehalten ist, eine Masse $m$ hängt. Wir wollen uns mit dieser Anordnung (Abb. 1), auf die wir bei unseren späteren Untersuchungen immer wieder zurückkommen werden, etwas eingehender befassen.

Die Festigkeitslehre sagt über die Längenänderung $\Delta l$ einer Schraubenfeder, auf die eine Kraft in Richtung der Achse wirkt, aus:

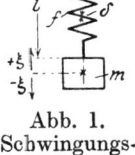

Abb. 1. Schwingungsanordnung: Feder mit angehängter Masse.

1. $$\Delta l = \frac{64\, n\, R^3}{\delta^4\, G} \cdot P = \frac{P}{c}.$$

Dabei sind $R$ der Wicklungshalbmesser, $n$ die Windungszahl, $\delta$ die Drahtstärke, $G$ der Schubelastizitätsmodul und $P$ die Kraft, die in axialer Richtung ausgeübt wird. Wenn wir die von der Feder abhängigen Konstanten zu einem Wert $c$ zusammenfassen, so erhalten wir $\Delta l = \dfrac{P}{c}$. Wir sehen, daß $\Delta l$ verhältnisgleich $P$ ist.

An der Masse $m$ greift das Gewicht $G$ und die Federkraft $P$ an. Für eine bestimmte Durchbiegung $\Delta l_0$, die aus Gleichung 1 ermittelt werden kann, ist $m$ im Gleichgewicht. Es ist dann $\Delta l_0 = \dfrac{G}{c}$.

Abweichungen aus der Gleichgewichtslage nach oben oder unten — wir setzen bei unserem System nur einen Freiheitsgrad voraus — drücken wir durch die Koordinate $\xi$ aus; $\xi$ zählen wir nach unten positiv. Wenn $\xi$ nicht gleich 0 oder $\Delta l$ nicht gleich $\Delta l_0$ ist, wirkt eine resultierende Kraft auf die Masse $m$, die ihr die Beschleunigung $-\dfrac{d^2 \xi}{d t^2}$ erteilt. Das Minuszeichen gibt an, daß bei

Föppl, Schwingungslehre.

einer Auslenkung $\xi$ die Kraft $c \cdot \xi$ nach der Nullage zu gerichtet ist, also auf eine Verringerung des Ausschlages hinwirkt:

2. $\qquad -m \dfrac{d^2 \xi}{d t^2} = P - G = c\,(\varDelta l - \varDelta l_0) = c\,\xi.$

Die Gleichung 2 gibt uns die Differentialgleichung für die Schwingungsbewegung. Die Lösung der Differentialgleichung ist bekannt; sie lautet:

3. $\qquad\qquad \xi = C_1 \sin nt + C_2 \cos nt,$

wobei $n = \sqrt{\dfrac{c}{m}}$. Um zu zeigen, daß Gleichung 3 tatsächlich die Differentialgleichung 2 befriedigt, differenzieren wir Gleichung 3 zweimal nach $t$:

4. $\qquad\qquad \dfrac{d\xi}{dt} = C_1 n \cos nt - C_2 n \sin nt.$

5. $\qquad\qquad \dfrac{d^2\xi}{dt^2} = - C_1 n^2 \sin nt - C_2 n^2 \cos nt.$

Die Werte aus Gleichung 3 und 5 in 2 eingesetzt, geben auf beiden Seiten gleiche Werte unabhängig vom Werte der Konstanten $C_1$ und $C_2$. Für ein gegebenes System mit der Masse $m$ und der Feder $f$ gibt es also $\infty^2$ verschiedene Schwingungsvorgänge, die durch die beliebige Wahl der beiden Konstanten $C_1$ und $C_2$ festgelegt werden. Wir können einen dieser Schwingungsvorgänge durch die Wahl der Anfangsbedingungen festlegen. Zur Zeit $t = 0$ sei z. B. $\xi = \xi_0$ und $\dfrac{d\xi}{dt} = v_0$. Die Wahl von $\dfrac{d^2\xi}{dt^2}$ zur Zeit $t = 0$ steht dann nicht mehr frei, sondern $\left(\dfrac{d^2\xi}{dt^2}\right)_{t=0}$ ist durch die Angabe $\xi_0$ und Gleichung 2 bestimmt. Wir sehen also: den zwei willkürlichen Konstanten entsprechen zwei willkürliche Anfangsbedingungen, oder wir können die Konstanten durch die Anfangsbedingungen ausdrücken.

Wenn wir nur ein schwingendes System haben, dann ist es oft gleichgültig, von welchem Zeitpunkt an wir $t$ zu zählen beginnen. Wir schränken in diesem Fall unsere Betrachtung nicht ein, wenn wir z. B. festlegen, die Zeit $t$ soll so gezählt werden, daß für $t = 0$ die Geschwindigkeit $\dfrac{d\xi}{dt} = 0$ ist. Damit verringern wir die Verschiedenheit in den möglichen Anfangsbedingungen von $\infty^2$ auf $\infty$. Denn die verschiedenen Schwingungsvorgänge sind bei obiger Einschränkung noch in der Wahl des Ausschlags $\xi_0$, den

Einführung.

wir zur Zeit $t = 0$ annehmen können, enthalten. Wir wollen nun auch in unseren Gleichungen die besondere Annahme $\left(\dfrac{d\xi}{dt}\right)_{t=0} = 0$ berücksichtigen. Schreiben wir die Gleichung 4 zur Zeit $t = 0$ an, so ist:

6. $\qquad O = C_1 n \cos 0 - C_2 n \sin 0,$
$\qquad\quad = C_1 n$

Da $n = \sqrt{\dfrac{c}{m}}$ nicht Null sein kann, muß $C_1 = 0$ sein, und Gleichung 3 lautet in der vereinfachten Form:

7. $\qquad\qquad \xi = C_2 \cos nt = \xi_0 \cos nt.$

Für $C_2$ haben wir den größten Ausschlag $\xi_0$ eingesetzt, da der Wert von $\cos nt$ mit veränderlicher Zeit zwischen den Grenzwerten $+1$ und $-1$ schwankt.

Die Gleichung 7 ist also mit der Einschränkung gültig, daß die Zeit so gewählt ist, daß sich die Masse zur Zeit $t = 0$ in einer Endlage befindet. Wenn mehrere schwingende Systeme aufeinander einwirken, dann kann man diese Einschränkung nicht machen, da man für alle Systeme die gleiche Zeit $t$ zugrunde legen muß. Man muß dann auf die allgemeinere Gleichung 3 zurückgreifen. Bei den nächstfolgenden Betrachtungen, in denen nur eine schwingende Masse auftritt, genügt aber Gleichung 7.

Schwingungsausschlag und Zeit stehen nach Gleichung 7 in einer Beziehung, die durch Abb. 2 veranschaulicht ist. Der Schwingungsausschlag schwankt zwischen $+\xi_0$ und $-\xi_0$.

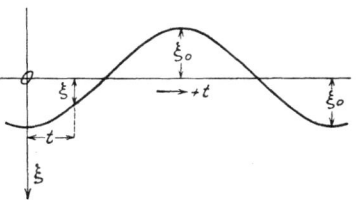

Abb. 2. Schwingungsausschlag in Abhängigkeit von der Zeit.

Bei den wirklichen Schwingungen tritt eine Dämpfung hinzu, durch die die Größe des Schwingungsausschlages allmählich abnimmt. Die Dämpfung ist im vorausgehenden vernachlässigt. In den Regelfällen genügt es bei der theoretischen Betrachtung praktischer Fälle, die Dämpfung zu vernachlässigen. In einem besonderen Kapitel (V) wird aber noch auf die Dämpfung eingegangen werden.

Außer dem Ausschlag interessiert auch die Änderung des Ausschlages; es ist:

8. $\qquad \dfrac{d\xi}{dt} = -\xi_0 n \sin nt = v = -v_1 \sin nt.$

Tragen wir diesen Wert wieder in Abhängigkeit von $t$ ab, so erhalten wir die Abb. 3, die eine Sinusfunktion darstellt. Den größten Wert für $v$, den wir für $\sin nt = \pm 1$ erhalten, nennen wir $v_1$. Er wird erhalten für $nt = \dfrac{\pi}{2}$ bzw. $\dfrac{3\pi}{2}$, also zu einer Zeit, zu der nach Gleichung 7 $\xi = 0$ ist.

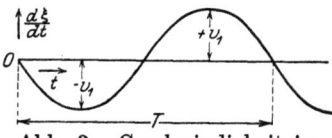

Abb. 3. Geschwindigkeit in Abhängigkeit von der Zeit.

Bei einer Sinus- und Kosinusfunktion interessiert vor allem die Periode, d. h. die Zeitspanne $T = t_2 - t_1$, die verstreichen muß, damit der Wert des Sinus und des Cosinus wieder auf den Ausgangswert zurückgeht. Das letztere ist aber der Fall, sobald der Wert, von dem der Sinus oder Cosinus genommen werden soll, um $2\pi$ angewachsen ist.

9. $$2\pi = nT; \quad T = 2\pi \sqrt{\dfrac{m}{c}}.$$

Die Schwingungsdauer $T$ ist unabhängig von der Größe des Ausschlags. Wir nennen deshalb die Schwingung eine synchrone oder harmonische. Fast alle in der Praxis auftretenden Schwingungen sind harmonische. Grundbedingung für eine harmonische Schwingung ist, daß die rücktreibende Kraft verhältnisgleich dem Ausschlag ist, was bei den Stoffen, mit denen wir es in der Technik zu tun haben, und bei den Versuchsbedingungen gewöhnlich zutrifft.

Statt der Schwingungsdauer $T$ wird auch oft die Anzahl $n$ der vollen Schwingungen, die in einem bestimmten Zeitraume (etwa 1 sec oder 1 min) erfolgen, angegeben. Zwischen $n\,\dfrac{1}{\min}$ und $T$ in sec besteht dann die Beziehung $n = \dfrac{60}{T}$.

Wegen der fundamentalen Bedeutung, die der bisherigen Betrachtung zukommt, wollen wir die Ausführungen nochmals von einer anderen Seite beleuchten und zu dem Zweck eine Arbeitsgleichung aufstellen. Wir setzen voraus, daß keine äußeren Kräfte auf das schwingende System einwirken — Dämpfung sei ausdrücklich ausgeschlossen. Die Energie, die in der schwingenden Anordnung steckt, bleibt also dauernd ungeändert. Zur Zeit $t = 0$ ist die kinetische Energie $E_k$ Null, da $\left(\dfrac{d\xi}{dt}\right)_{t=0} = 0$. Die Gesamtenergie $E$ ist dann als Formänderungsenergie $E_f$ in der Feder aufgespeichert. Es ist:

10. $$E_{f0} = \int_0^{\xi_0} P \cdot d\xi,$$

wobei die Federkraft $P$ selbst verhältnisgleich $\Delta l$ oder $\xi$ ist. Wir können deshalb schreiben:

11. $$E_{f0} = \int_0^{\xi_0} c\,\xi\,d\xi = c\frac{\xi_0^2}{2} = E.$$

In einer Zwischenlage $\xi$ zur Zeit $t$ ist:

12. $$E_f = c\frac{\xi^2}{2},$$

dazu kommt aber noch die kinetische Energie $E_k$, die verhältnisgleich der Masse $m$ und dem Quadrate der Geschwindigkeit $\frac{d\xi}{dt}$ ist:

13. $$E_k = \frac{m}{2}\left(\frac{d\xi}{dt}\right)^2.$$

Aus Gleichung 11 bis 13 folgt:

14. $$E = E_f + E_k = c\frac{\xi^2}{2} + \frac{m}{2}\left(\frac{d\xi}{dt}\right)^2 = \frac{c\,\xi_0^2}{2},$$

$$\frac{d\xi}{dt} = \sqrt{\frac{c}{m}}\,[\pm\sqrt{\xi_0^2 - \xi^2}].$$

Wir haben dabei schon die eine Grenzbedingung berücksichtigt, daß zur Zeit $t=0$ $\frac{d\xi}{dt}=0$, also $\xi = \xi_{mx} = \xi_0$ sind. Die Lösung dieser Differentialgleichung lautet $\xi = \xi_0 \cos nt$, mit $\frac{d\xi}{dt} = -n\xi_0 \sin nt$ und $(\xi_0^2 - \xi^2) = \xi_0^2 \sin^2 nt$, womit wir wieder auf den früher ermittelten Wert gekommen sind.

Die Betrachtung, die von der Energie ausgeht, führt auf umständlicherem Wege zum gleichen Ziel. Wir haben sie hier mit angeführt, da die Betrachtung der Schwingung einer Masse mit einer Feder die Grundlage für sämtliche Schwingungsbetrachtungen abgibt, so daß sich eine Betrachtung dieses wichtigen Problems von verschiedenen Seiten wohl verlohnt.

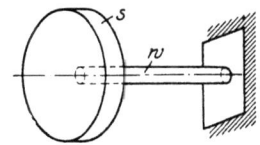

Abb. 4. Schwingungsanordnung: Welle mit Schwungmasse.

**§ 2. Drehschwingung von Welle mit Schwungmasse.** Wir nehmen an, eine Welle $w$ sei an ihrem rechten Ende festgehalten und am linken Ende mit einer Schwungmasse $s$ behaftet (Abb. 4). Wenn die Schwungmasse gedreht wird, wird die Welle gespannt. Infolgedessen wird ein der Verdrehung entgegengesetzt gerichtetes Drehmoment auf die Schwungmasse übertragen. Die elastische Spannkraft der Welle bei der Verdrehung hängt von der Größe des Ausschlages ab. Wenn der Verdrehungswinkel mit $\Delta\varphi$, der Durchmesser der Welle mit $d$, die Länge mit $l$, der Schubelastizitätsmodul mit $G$ und das polare Flächenträgheitsmoment des Wellenquerschnitts mit $i_p$ bezeichnet werden, ist:

15. $$\Delta\varphi = \frac{Ml}{i_p \cdot G} = \frac{M}{c}, \quad \text{wobei} \quad c = \frac{G \cdot i_p}{l}.$$

Die Konstanten haben wir zu **einer** Größe $c$ zusammengefaßt. $c$ ist das Moment, das beim Verdrehungswinkel $\Delta\varphi = 1$ auftritt. Infolge des Moments $M$ erleidet die Schwungmasse $s$ mit dem Massenträgheitsmonemt $J$ eine Winkelbeschleunigung $\dfrac{d^2\Delta\varphi}{dt^2}$:

16. $$\frac{d^2\Delta\varphi}{dt^2} \cdot J = -M = -c\Delta\varphi.$$

Das Minuszeichen weist wieder darauf hin, daß das Moment $M$ auf eine Verringerung des Ausschlages $\Delta\varphi$ hinwirkt.

Die Differentialgleichung 16 entspricht genau der Gleichung 2, nur daß statt des Ausschlagwegs $\xi$ der Ausschlagwinkel $\Delta\varphi$ und statt der Masse $m$ das Massenträgheitsmoment $J$ gesetzt ist. Wir haben die gleiche Lösung zu erwarten:

17. $$\Delta\varphi = c_2 \cos\sqrt{\frac{c}{J}}\, t,$$

wobei wir wieder wie vorhin die Einschränkung gemacht haben, daß zur Zeit $t = 0$ der größte Ausschlag $c_2 = \Delta\varphi_0$ vorhanden sein soll. Die Schwingungsdauer $T$ ist ebenso wie vorhin:

18. $$T = 2\pi\sqrt{\frac{J}{c}}.$$

Je größer die Schwungmasse $J$ und je kleiner das rücktreibende Moment $c$ ist, desto größer ist die Schwingungsdauer $T$.

Wir sehen weitgehendste Übereinstimmung bei der Betrachtung in diesem und im vorausgehenden Paragraphen. Da sich die geradlinige Schwingung nach Abb. 1 wesentlich einfacher darstellen und gedanklich erfassen läßt als die Drehschwingung, ist es zweckmäßig, die Aufgabe, eine Drehschwingung zu behandeln, auf die in § 1 gelöste Aufgabe der geradlinigen Schwingung zurückzuführen. Der besondere Vorteil dieses Vorgehens wird sich erst im nächsten Kapitel bei den mehrsystemigen Schwingungen zeigen. Es ist aber zweckmäßig, schon hier auf die Umrechnung einzugehen.

Wir denken uns also die Anordnung nach Abb. 4 durch eine Anordnung nach Abb. 1 ersetzt. Bei der Anordnung nach Abb. 1 kam es ja schließlich auch nicht auf die Einzelheiten in den Abmessungen der Feder, sondern nur auf die Größe $c$ der Federkraft für die Einheit des Ausschlages und auf die Größe der Masse $m$ an. Beide Größen können wir nach Art der Abb. 5 durch 2 Striche darstellen, zu denen uns nur noch ein bestimmter Maßstab gegeben sein muß. Die Abb. 5 kann uns aber, wie schon erwähnt, auch ebensogut eine Drehschwingungsanordnung

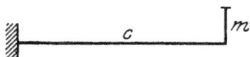

Abb. 5. Schematische Darstellung einer Schwingungsanordnung.

nach Abb. 4 in ihren wesentlichen Einzelheiten darstellen. Gewöhnlich liegt die Aufgabe vor, die Schwingungsdauer $T$ zu bestimmen. Wenn die Aufgabe gestellt ist, die Schwingungsdauer für die Anordnung nach Abb. 4 zu bestimmen, so geben wir die Anordnung in der Form der Abb. 5 wieder und behandeln die Aufgabe in gleicher Weise weiter, als ob es sich darum handelte, die Schwingungsdauer einer geradlinig schwingenden Anordnung nach Abb. 1 zu ermitteln.

**§ 3. Biegungsschwingung von Balken unter Vernachlässigung der Balkenmasse.** Der Schwingungsanzeiger von Frahm besteht aus einzelnen Schwingungsanordnungen nach Abb. 6: Eine Feder $f$ ist an ihrem einen Ende festgehalten und am anderen Ende mit einer Masse $m_1$ behaftet. Die Masse der Feder wollen wir vernachlässigen. Bei einer Auslenkung $\xi$ wirkt auf die Masse $m$ eine Kraft $P$, die nach einer bekannten Formel der Festigkeitslehre gleich ist:

19. $$P = \frac{3\,E\,J_a}{l^3} \cdot \xi = c\,\xi,$$

wobei $E$ Elastizitätsmodul, $J_a$ das axiale Trägheitsmoment des Balkenquerschnitts und $l$ die Länge der Feder sind. Die Differentialgleichung der Bewegung ist die gleiche wie die in Gleichung 2 angeschriebene und die Dauer $T$ einer vollen Schwingung ist nach Gleichung 9 wieder:

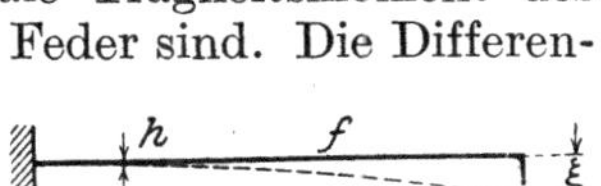

Abb. 6. Schwingungsanordnung: Feder mit Masse.

20. $$T = 2\,\pi\,\sqrt{\frac{m}{c}} = 2\,\pi\,\sqrt{\frac{m}{3\,E\,J} \cdot l^3}.$$

Beim Frahmschen Schwingungsdaueranzeiger sitzen mehrere Anordnungen nach Abb. 6 von verschiedenen Federlängen und mit verschiedenen Massen $m$ nebeneinander. Wird dieser Apparat auf eine Unterlage gesetzt, deren Schwingungsdauer $T_1$ bestimmt werden soll, so wird jene Zunge zu großen Schwingungsausschlägen angeregt, deren Schwingungsdauer $T$ nahe bei der Schwingungsdauer $T_1$ der Unterlage, die den ganzen Apparat in Erschütterungen versetzt, liegt. Die verschiedenen Schwingungsdauern $T$ der Zungen sind aber bekannt. Wenn eine bestimmte Zunge große Ausschläge macht, so weiß man, daß die Schwingungsdauer der Unterlage nahe bei der bekannten Schwingungsdauer der betreffenden Zunge liegt. Die Schwingungsdauern der Federn sind aber so gegeneinander abgestuft, daß innerhalb des Gebietes, für das das Instrument gebaut ist, stets mindestens eine Zunge größere Ausschläge ausführt. Wenn eine erregende Ursache zwei nebeneinander liegende Zungen gleichzeitig in Schwingungen versetzt, so weiß man, daß die Periode des erregenden Impulses zwischen den bekannten Periodenzahlen der beiden schwingenden Zungen liegt.

Das Instrument kann z. B. benutzt werden, um die Umdrehungszahlen einer umlaufenden größeren Maschine in einiger Entfernung vom Aufstellungsort anzugeben: die Maschine überträgt Erschütterungen im Rhythmus der Umdrehungen auf den Erdboden und der Erdboden wieder auf den Schwingungsdaueranzeiger.

Die in Gleichung 20 gegebene Formel für die Schwingungsdauer ist natürlich nur eine rohe Annäherung, da die Masse der Feder, die oft beträchtliche Werte gegenüber der am Ende aufgesetzten Einzelmasse annehmen kann, vernachlässigt worden ist. Eine genaue Formel, bei der die Federmasse berücksichtigt ist, ist von Hort (Techn. Schwingungslehre, Berlin 1922) gegeben worden. In recht guter Annäherung kann man die Federmasse $m_f$ berücksichtigen, wenn man $1/3$ von ihr der Masse $m$ in Formel 20 zufügt. Die Annäherungsformel lautet dann:

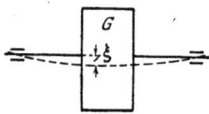

Abb. 7. Welle mit Schwungmasse.

21. $$T = 2\pi \sqrt{\frac{\left(m + \dfrac{m_f}{3}\right) \cdot l^3}{3\,E\,J}}.$$

Noch ein anderer Fall ist hier zu behandeln, da wir darauf später zurückgreifen müssen: die Biegungsschwingung einer zweifach gelagerten ruhenden Welle, die mit einer Schwungmasse vom Gewicht $G$ (Abb. 7) behaftet ist. Für die Berechnung der Schwingungsdauer kommt es wesentlich darauf an, wie die Welle an den beiden Enden aufgelagert ist, vor allem ob die Auflagerung teilweise als Einspannung wirkt. Wenn wir freie Auflagerung voraussetzen und annehmen, daß die Schwungmasse in der Mitte der

Welle sitzt, so ist nach einer bekannten Formel der Festigkeitslehre:

22. $$P = \frac{48 E J}{l^3} \cdot \xi = c\,\xi.$$

Mit Hilfe dieser Formel kann dann ebenso wie vorher $T$ berechnet werden:

23. $$T = 2\pi \sqrt{\frac{G}{g \cdot c}},$$

wenn mit $G$ das Gewicht der Schwungscheibe und mit $g$ die Erdbeschleunigung bezeichnet werden. In § 36 wird gezeigt werden, daß diese Formel für die kritische Umlaufzahl einer Welle besondere Bedeutung hat.

## § 4. Schwungmasse mit Spiralfeder (Unruhe).

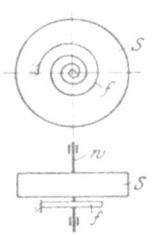

Abb. 8. Spiralfeder mit Schwungmasse.

Die Unruhe einer Taschenuhr besteht aus einer Schwungmasse $S$, die auf einer Welle $w$ aufgesetzt ist (Abb. 8). An $w$ greift das innere Ende einer Spiralfeder $f$ an. Das äußere Ende der Spiralfeder ist mit dem ruhenden Gehäuse fest verbunden. Nach einer bekannten Formel der Festigkeitslehre besteht folgende Beziehung zwischen der Länge $l$ der gestreckt gedachten Feder, dem Elastizitätsmodul $E$, dem axialen Trägheitsmoment $i$ des Federquerschnitts, dem Verdrehungsmoment $M$ und dem Verdrehungswinkel $\varDelta\varphi$ der Schwungmasse, um den die Spiralfeder angespannt wird:

24. $$M = \frac{E\,i}{l} \cdot \varDelta\varphi = c\,\varDelta\varphi.$$

Daraus kann wieder die Schwingungsdauer nach den vorausgehenden Ausführungen berechnet werden.

Bei einer Uhr ist es besonders wichtig, daß die Schwingungsdauer unabhängig von der Größe des Ausschlages ist, was bei der Unruhe zutrifft. Es soll aber auch unter den verschiedenen äußeren Bedingungen gleiche Schwingungsdauer erhalten werden, vor allem darf ein Temperaturwechsel keinen Einfluß auf den Gang der Uhr haben. Bei Erhöhung der Temperatur dehnen sich aber die meisten Metalle aus, das Schwungmoment des Schwungrades wird durch die Vergrößerung des Abstandes der Massenteile von der Achse größer. Nach Formel 18 vergrößert sich die Schwingungsdauer. Auch die Elastizitätseigenschaften der Feder können von der Temperatur abhängig sein. Bei wärmekompensierten Taschenuhren wird vor allem die Ausdehnung des Schwungsrings durch Verwendung besonderen Materials oder von geschlitzten Ringen, die mit Gegenringen verbunden sind, aufgehoben.

**§ 5. Das Fadenpendel mit kleinem Ausschlag.** Ein Gewicht $G$ mit der Masse $m = \dfrac{G}{g}$ ist an einem Faden aufgehängt (Abb. 9). Es soll die Schwingungsdauer der Anordnung ermittelt werden. Das Gewicht bewegt sich, wenn wir ausdrücklich nur Bewegungen in der Zeichenebene zulassen, auf einen Kreisbogen mit dem Aufhängepunkt 0 als Mittelpunkt und der Fadenlänge $l$ als Halbmesser. Wenn wir den Ausschlag $\varphi$ nur in kleinen Grenzen halten, so können wir den Kreisbogen, auf dem sich $G$ bewegt, durch eine gerade Linie senkrecht zur Fadenmittellinie ersetzen. Der Ausschlag $\xi$ kann dann auch durch die Strecke $\xi = l \cdot \varphi$ gemessen werden.

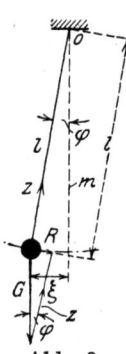

Abb. 9. Fadenpendel.

Am Gewicht wirkt einerseits die Erdanziehungskraft $G$ andererseits der Fadenzug $Z$. Wenn $\varphi = 0$ ist, sind beide gleich groß und gleich gerichtet, so daß keine resultierende Kraft auftritt. Wenn der Ausschlag $\varphi$ ist, schließen die beiden Kräfte $G$ und $Z$ den Winkel $\varphi$ ein. Sie üben eine resultierende Kraft $R$ auf $G$ aus, die $G$ eine Beschleunigung erteilt. $G$ kann sich aber nur auf dem Kreisbogen bzw. auf der horizontalen Geraden — wenn wir den Ausschlagwinkel klein annehmen, können wir den Kreisbogen durch eine Gerade ersetzen — bewegen. $R$ muß deshalb in die Richtung der Bewegungsfreiheit fallen, also horizontal liegen. Da aber $G$ parallel zur Mittellinie und $Z$ parallel zu $l$ liegt, sind die beiden rechtwinkligen Dreiecke $G$, $Z$, $R$ und $l$, $\xi$ mit Mittellinie ähnlich. Oder es ist:

25.
$$G : R = l : \xi,$$
$$R = G \frac{\xi}{l}.$$

Andererseits ist:

26.
$$R = -\frac{G}{g} \cdot \frac{d^2 \xi}{d t^2} = G \frac{\xi}{l},$$
$$\frac{d^2 \xi}{d t^2} = -\frac{g}{l} \cdot \xi;$$

das Minuszeichen gibt an, daß die Kraft auf eine Verringerung von $\xi$ hinwirkt. Die Lösung der Differentialgleichung ist die gleiche

Das physikalische Pendel.

wie die der Gleichung 2, nur daß statt $\frac{c}{m}$ hier $\frac{g}{l}$ gesetzt werden muß. Die Schwingungsdauer $T$ ist also entsprechend Gleichung 9:

27.
$$T = 2\pi \sqrt{\frac{l}{g}}.$$

Es kommt in dieser Gleichung zum Ausdruck, daß die Schwingungsdauer verhältnisgleich der Wurzel der Pendellänge und unabhängig vom Gewicht des Pendels ist. Bei einem Werte $g = 981$ cm/sec$^2$ und einer Länge $l = 100$ cm ist $T = 2,005$ sec $= \infty\ 2$ sec. Die Dauer einer halben Schwingung aus der einen äußersten Lage in die andere äußerste Lage beträgt also 1 sec. Man nennt deshalb das Pendel von 1 m Länge auch vielfach Sekundenpendel.

**§ 6. Das physikalische Pendel.** Im vorausgehenden Abschnitt ist angenommen, daß die Masse des Pendels in einem Punkte, dem Schwerpunkt, vereinigt sei, so daß alle Massenteilchen zu gleichen Zeiten gleiche Geschwindigkeiten haben. Beim tatsächlichen Pendel — z. B. beim Pendel einer Uhr — verteilt sich aber die Masse über einen größeren Bezirk und die einzelnen Massenteilchen haben je nachdem sie näher oder ferner dem Drehpunkt liegen, kleinere oder größere Wege mit entsprechenden Geschwindigkeiten zurückzulegen. Die Bahn des Pendels kann nicht mehr als eine Parallelverschiebung, sondern sie muß als Drehung um den Punkt $O$ aufgefaßt werden. Bei einer Drehbewegung kommt es aber vor allem auf das Massenträgheitsmoment, (bezogen auf den Drehpunkt $O$) an, das wir mit $J\,\dfrac{\text{kg} \cdot \text{sec}^2}{\text{cm}} \cdot \text{cm}^2$ bezeichnen wollen.

Von äußeren Kräften wirkt am Pendel die Erdanziehung $G = g \cdot m$, die am Schwerpunkt $S$ angreift und die Auflagerkraft $Z$. Wir nehmen an, daß die Drehstelle $O$ durch Schneidenlagerung besonders sorgfältig ausgebildet sei, so daß in $O$ keine Reibungskräfte, sondern nur Kräfte senkrecht zur Bahn übertragen werden können. Die Kräfte $G$ und $Z$ sind bei kleinem Ausschlagwinkel $\varphi = \dfrac{\xi}{s}$ gleich groß und entgegen-

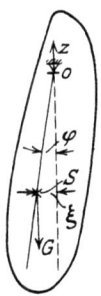

Abb. 10. Physikalisches Pendel.

gesetzt gerichtet, so daß ihre Resultierende Null ist. Sie haben aber den Abstand $\xi$ voneinander, so daß sie das Moment $M = G \cdot \xi = G \cdot s \cdot \varphi$ ausüben, das auf das Pendel die Drehbeschleunigung $\dfrac{d^2 \varphi}{d t^2}$ überträgt. An die Stelle der Pendellänge $l$

beim mathematischen Pendel tritt demnach hier der Abstand $s$ zwischen Schwerpunkt und Schneidenlagerung $O$. Es ist:

28. $$G \cdot \varphi \cdot s = -J \cdot \frac{d^2\varphi}{dt^2},$$

$$\frac{d^2\varphi}{dt^2} = -\frac{Gs}{J} \cdot \varphi,$$

also die gleiche Differentialgleichung, die wir in Gleichung 16 schon behandelt haben. Es ist nach Gleichung 18:

29. $$T = 2\pi \sqrt{\frac{J}{Gs}}.$$

Für $J$ können wir aber unter Einführung des Trägheitshalbmessers $i$ setzen: $J = m i^2$ und für $G = gm$:

30. $$T = 2\pi \sqrt{\frac{i^2}{g \cdot s}} = 2\pi \sqrt{\frac{i^2 : s}{g}}.$$

Die Gleichung 30 stimmt mit 27 überein, nur daß statt der Pendellänge $l$ das Verhältnis $l_{\text{bez.}} = \dfrac{i^2}{s}$ gesetzt ist. Durch Einführung der bezogenen Pendellänge $l_{\text{bez.}}$ wird das physikalische Pendel auf das mathematische Pendel zurückgeführt. Das Trägheitsmoment $J$ bezog sich auf den Aufhängepunkt $O$. Nach einer bekannten Formel können wir dafür schreiben: $J = J_0 + ms^2 = m(i_0^2 + s^2)$, wenn $J_0$ das auf den Schwerpunkt bezogene Trägheitsmoment ist. $\dfrac{i^2}{s} = l_{\text{bez.}}$ ist deshalb immer größer als $s$ oder die Schwingungsdauer des physikalischen Pendels ist größer als die Schwingungsdauer des Fadenpendels, dessen Fadenlänge gleich dem Abstand zwischen Schwerpunkt und Aufhängepunkt des physikalischen Pendels ist.

### § 7. Das Pendel mit großem Ausschlag.

In den vorausgehenden beiden Paragraphen ist stets die Einschränkung gemacht, daß der Pendelausschlag $\varphi$ so gering sein soll, daß man $\sin\varphi$ durch $\varphi$ ersetzen kann. Wir wollen jetzt diese Einschränkung fallen lassen und die genaue Theorie der Pendelschwingung bringen. Die Überlegung, mit deren Hilfe wir durch Einführen der bezogenen Pendellänge das physikalische Pendel auf das mathematische zurückführten, gilt uneingeschränkt weiter, so daß es genügt, wenn wir die strenge Theorie nur für das mathematische Pendel entwickeln.

## Das Pendel mit großem Ausschlag.

Die Differentialgleichung, die die Beziehung zwischen der Zeit $t$ und dem Ausschlag $\varphi$ angibt, können wir sofort anschreiben wenn wir beachten, daß $R = G \cdot \sin \varphi$ und $- m \cdot l \cdot \dfrac{d^2 \varphi}{dt^2} = R$ ist:

31. $$G \cdot \sin \varphi = - m \cdot l \frac{d^2 \varphi}{dt^2},$$

$$\frac{d^2 \varphi}{dt^2} = - \frac{l}{g} \sin \varphi.$$

Es kann keine rationale Funktion zwischen $\varphi$ und $t$ angegeben werden, die Gleichung 31 befriedigen würde und das ist die Schwierigkeit, die sich der genauen Lösung entgegenstellt. Um die Ordnung der Gleichung um eins zu erniedrigen, können wir den Weg benutzen, den wir schon einmal am Ende des 1. Paragraphen eingeschlagen haben. Wir stellten damals die Arbeitsgleichung für den Schwingungsvorgang auf unter Berücksichtigung des Umstandes, daß der Schwingung keine Energie von außen zu oder nach außen abgeführt wird. Die Gesamtenergie setzt sich hier zusammen aus der kinetischen Energie $E_k = \dfrac{1}{2} m v^2 = \dfrac{1}{2} m l^2 \left(\dfrac{d\varphi}{dt}\right)^2$ und aus

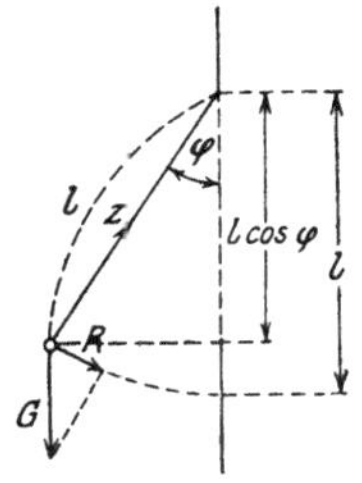

Abb. 11. Pendel mit großem Ausschlag.

der potentiellen Energie, $E_p$, die das Pendel in der Lage $\varphi$ gegenüber der Mittellage hat. Nach Abb. 11 ist: $E_p = G \cdot l\, (1 - \cos \varphi)$. Bezeichnen wir noch den größten Ausschlagwinkel mit $\varphi_0$, so ist die gesamte Schwingungsenergie des Pendels $Gl\,(1 - \cos \varphi_0)$, die in jeder Lage $\varphi$ gleichen Wert hat.

32. $$Gl\,(1 - \cos \varphi_0) = \frac{1}{2} m l^2 \left(\frac{d\varphi}{dt}\right)^2 + Gl\,(1 - \cos \varphi)$$

$$\left(\frac{d\varphi}{dt}\right)^2 = (\cos \varphi - \cos \varphi_0) \frac{2g}{l},$$

$$dt = \frac{d\varphi}{\sqrt{\cos \varphi - \cos \varphi_0}} \sqrt{\frac{l}{2g}}.$$

Daraus:

33. $$t = \sqrt{\frac{l}{2g}} \int_{\varphi_0}^{\varphi_1} \frac{d\varphi}{\sqrt{\cos \varphi - \cos \varphi_0}}$$

Das in Gleichung 33 auftretende Integral ist ein elliptisches Integral, das durch weitere Umformung auf die Normalform gebracht werden kann. Aus Tafeln für elliptische Integrale kann der Wert der Schwingungsdauer $T$ für eine volle Schwingung von $\varphi_0$ bis $\varphi_0$ entnommen werden. Die Auswertung ist in Band IV der Vorl. von A. Föppl zu finden. Wir entnehmen daraus, daß ein Pendel mit 5° (10°) Ausschlag nach jeder Seite eine um $^1/_2{}^0/_{00}$ ($2{}^0/_{00}$) größere Schwingungsdauer hat als das gleiche Pendel bei unendlich kleinem Ausschlag.

## II. Mehrgliedrige Schwingungsanordnungen.

Es sollen mehrere Massen unter dem Einfluß von Kräften, deren Größe von der gegenseitigen Lage der Massen abhängt, Bewegungen ausführen. Es ist dabei noch vorausgesetzt, daß die Bewegungen aller Massen den gleichen äußeren Bedingungen unterworfen sein sollen. Die Anzahl der Massen soll beschränkt sein. Schwingungen, bei denen sich die einzelnen Moleküle unter dem Einfluß der Molekularkräfte gegeneinander bewegen, werden im nächsten Kapitel behandelt.

**§ 8. Zwei Massen zwischen einer Zugfeder.** Es wird angenommen, zwei Massen wirken durch eine zwischen ihnen gespannte Zugfeder aufeinander ein und die Bewegung der Massen gegeneinander erfolge auf der Verbindungsgeraden beider. Die Zugfeder überträgt eine Kraft, die verhältnisgleich dem Abstand der beiden Massen voneinander ist. Entsprechend den Überlegungen, nach denen Abb. 5 gezeichnet ist, wird die Anordnung durch Abb. 12 wiedergegeben. Zur Abbildung muß noch ein Maßstab angegeben sein. Es muß also z. B. gesagt werden: 1 cm der senkrechten Massenlinie bedeutet soundsoviel kg und 1 cm der wagrechten Federlänge gibt bei der Zusammendrückung z. B. um $\frac{1}{100}$ cm eine Kraft von $\frac{c_0}{100}$ kg. Wenn die Feder $l$ cm lang angegeben ist, so ergibt sie (da die Federkraft umgekehrt verhältnisgleich der Länge ist) bei einer Längenänderung um $\frac{1}{100}$ cm $\frac{c_0}{100\,l}$ kg oder bei einer Längenänderung um 1 cm $c = \frac{c_0}{l}$ kg Federkraft.

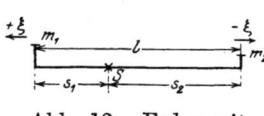

Abb. 12. Feder mit 2 Massen.

## Zwei Massen zwischen einer Zugfeder.

Es handelt sich jetzt darum, die Bewegung der beiden Massen unter dem Einfluß der Federkraft anzugeben. Bezeichnen wir die augenblickliche Lage von $m_1$ mit $s_1 + \xi_1$ und die augenblickliche Lage von $m_2$ mit $s_2 + \xi_2$, so ist:

34. $$m_1 \cdot \frac{d^2 \xi_1}{d t^2} = \frac{c_0}{l} (\xi_2 - \xi_1)$$

und

35. $$m_2 \cdot \frac{d^2 \xi_2}{d t^2} = - \frac{c_0}{l} (\xi_2 - \xi_1).$$

Mit $s_1$ und $s_2$ sind dabei die Abstände der beiden Massen vom Schwerpunkt $S$ beim Schwingungsausschlag Null bezeichnet. Wir haben zwei totale Differentialgleichungen mit den drei Veränderlichen $\xi_1$, $\xi_2$ und $t$. Da keine äußeren Kräfte auf das System wirken sollen, bleibt der Schwerpunkt in unveränderlicher Bewegung. Wir können also das Koordinatensystem so legen, daß in ihm der Schwerpunkt dauernd in Ruhe ist. Lassen wir außerdem den Schwerpunkt mit dem Koordinatenanfangspunkt zusammenfallen, so ist nach der Definition für den Schwerpunkt:

36. $m_1 s_1 - m_2 s_2 = 0; \quad m_1 s_1 - m_2 (l - s_1) = 0; \quad s_1 = \dfrac{l m_2}{m_1 + m_2}$

und $\qquad m_1 \xi_1 + m_2 \xi_2 = 0$.

Mit $\pm \xi$ ist dabei die Auslenkung der Masse aus der Nullage bezeichnet, so daß die augenblickliche Lage der Masse durch $s \pm \xi$ gegeben ist.

Durch Verbindung der Gleichungen 34 und 36 erhalten wir:

37. $$m_1 \frac{d^2 \xi_1}{d t^2} = \frac{c_0}{l} \left( - \xi_1 - \xi_1 \frac{m_1}{m_2} \right) = - \frac{c_0}{l} \xi_1 \frac{m_1 + m_2}{m_2}.$$

Die Gleichung 37 entspricht aber im Aufbau der Gleichung 2. Die Lösung lautet wie damals, wenn wir wieder die Einschränkung machen, daß zur Zeit $t = 0$ auch $\dfrac{d \xi_1}{d t} = 0$ sein soll:

38. $$\xi_1 = C_1 \cos \left( \sqrt{\frac{c_0}{m_1} \frac{m_1 + m_2}{l m_2}} \, t \right) = \xi_{10} \cos \left( \sqrt{\frac{c_0}{s_1 m_1}} \, t \right).$$

Den größten Wert, den $\xi_1$ zur Zeit $t = 0$ annimmt, haben wir wie früher mit $\xi_{10}$ bezeichnet. Die Dauer $T$ einer Schwingung ist $T = 2 \pi \sqrt{\dfrac{s_1 m_1}{c_0}}$.

Die Gleichungen 36 und 38 sagen aus, daß die Masse $m_1$ in der Ruhelage um den Betrag $\dfrac{l m_2}{m_1 + m_2} = s_1$ vom Systemschwerpunkt entfernt ist und daß sie bei der Bewegung eine sinusförmige Schwingungsbewegung um diese Ruhelage ausführt.

In gleicher Weise können wir die Bewegungsgleichung für $m_2$ aufstellen. Es ist:

39. $$m_2 \frac{d^2 \xi_2}{d t^2} = -\frac{c_0}{l}\left(\xi_2 + \xi_2 \frac{m_2}{m_1}\right) = -\frac{c_0}{l} \frac{m_1 + m_2}{m_1} \cdot \xi_2$$

mit der Lösung:

40. $$\xi_2 = C_2 \cos\left(\sqrt{\frac{c_0}{m_2} \frac{m_1 + m_2}{l m_1}}\, t\right) = \xi_{20} \cos \sqrt{\frac{c_0}{s_2 m_2}}\, t\,.$$

Da aber nach dem Schwerpunktsatz $m_1 s_1 = m_2 s_2$ ist, steht in Gleichung 38 und 40 unter dem Kosinus der gleiche Ausdruck. Wir haben demnach in beiden Fällen gleiche Schwingungsdauer $T$ zu erwarten. Nämlich:

41. $$T = 2\pi \sqrt{\frac{s_1 m_1}{c_0}} = 2\pi \sqrt{\frac{s_2 m_2}{c_0}}\,.$$

Beide Schwingungen sind gleichphasig miteinander, da sie von derselben Kraft, der Federkraft, abhängen. Die Federkraft wird in einem bestimmten Augenblick — wenn $\xi_2 - \xi_1 = 0$ ist — zu Null. In diesem Augenblick ist die Geschwindigkeit $v$ beider Massen am größten, da $\dfrac{dv}{dt}$ Null ist.

Die augenblickliche Lage der beiden Massen wird durch die Gleichungen 36, 38 und 40 beschrieben, in denen nur eine beliebig wählbare Unveränderliche $\xi_{10} = -\dfrac{m_2}{m_1} \xi_{20}$ (oder der größte Ausschlag der einen der beiden Massen aus der Nullage) auftritt. Die Verschiedenheit in den möglichen Schwingungsformen ist also nur $\infty^1$. Wir wollen nachprüfen, ob damit sämtliche Schwingungsformen unter den gemachten Voraussetzungen erhalten sind.

Der Augenblickszustand zur Zeit $t$ wird für die Anordnung durch 4 Größen beschrieben: die augenblicklichen Lagen $\xi$ und die augenblicklichen Geschwindigkeiten $\dfrac{d\xi}{dt}$ beider Massen. Die Beschleunigungen $\dfrac{d^2 \xi}{dt^2}$ hängen vom Abstand der beiden Massen

— also von $\xi$ — ab. Es sind also $\infty^4$ Augenblickszustände möglich. Bei der Aufstellung der Schwingungsgleichung haben wir aber folgende Einschränkungen gemacht:
1. Der Schwerpunkt soll im Koordinatensystem in Ruhe sein.
2. Der Schwerpunkt des Systems soll mit dem Koordinatenursprungspunkt zusammenfallen.
3. Zur Zeit $t = 0$ soll $\dfrac{d\xi_1}{dt} = 0$ sein, womit nach Gleichung 36 auch $\dfrac{d\xi_2}{dt} = 0$ wird.

Wir haben also über drei Grenzbedingungen verfügt und es bleibt nur eine Grenzbedingung oder $\infty^1$ verschiedene Schwingungsformen übrig. Wenn wir für die Anordnung nach Abb. 12 eine Lösung mit einer Konstanten angeben können, so wissen wir auf Grund der vorstehenden Überlegung auch, daß diese Lösung sämtliche möglichen Schwingungsformen enthält. Diese Lösung hätten wir aber schon nach den Ausführungen des § 1 angeben können: Wir denken uns die Feder im Schwerpunkt der beiden Massen aufgeschnitten, d. h. so aufgeschnitten, daß $m_1 s_1 = m_2 s_2$ ist. Jedes der beiden Teile gibt, wenn man die Schnittstelle festhält, eine Anordnung nach § 1. Die Federstärke $c$ ist umgekehrt verhältnisgleich der Länge, also $c = \dfrac{c_0}{s}$. Setzt man das in Gleichung 9 ein, so erhält man für beide Anordnungen gleiche Schwingungsdauern. Sorgt man außerdem dafür, daß die Ausschläge der Massen verhältnisgleich den Federlängen sind, so werden auf beide Anordnungen gleiche Federkräfte an der Schnittstelle übertragen. Diese beiden Kräfte heben sich gegeneinander auf, wenn wir die Schnittstellen wieder zusammensetzen — und zwar nicht nur im Anfang, sondern zu allen Zeiten, da die augenblickliche Druckkraft von einem Kosinusglied abhängt, das in beiden Fällen wegen der gleichen Schwingungsdauern der beiden Anordnungen gleich groß ist. Die zusammengesetzte Bewegung der beiden Einzelteile ist deshalb eine freie Schwingungsform des zusammengesetzten Systems. Eine Größe, der Schwingungsausschlag, war beliebig gewählt. Wir haben also $\infty^1$ Lösungen gefunden, und das sind nach den vorausgehenden Überlegungen sämtliche Lösungen.

**§ 9. Drei und mehr Massen mit zwischenliegenden Zugfedern.**
Auf das System wirken keine äußeren Kräfte ein. Der Schwerpunkt $S$ erleidet also keine Beschleunigung. Wir nehmen an, das Koordinatensystem sei so gelegt, daß $S$ in ihm ruht; ferner falle der Koordinatenursprungspunkt mit $S$ zusammen. Wir

haben mit diesen beiden Festlegungen über 2 Freiheitsgrade bestimmt. Die Anordnung ist gegeben, wenn wir zu einer bestimmten Zeit die Lage $s_1 + \xi$ und die Geschwindigkeit $\dfrac{d\xi}{dt}$ jeder Masse angeben. Diese 6 Angaben werden durch die obigen 2 Bedingungen auf 4 Freiheitsgrade eingeschränkt. Die allgemeinste Schwingungsform der Anordnung nach Abb. 13 muß also 4 beliebige Konstanten enthalten.

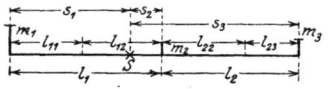

Abb. 13. Feder mit 3 Massen.

In der Gleichung 34 im vorausgehenden Paragraphen kam es nur an auf den Wert von $\dfrac{c_0}{l}$, nicht aber auf die Abmessungen der Feder im einzelnen. Wir hätten also z. B. die tatsächliche Feder durch eine längere, aber entsprechend steifere — mit größeren Werten $l$ und $c_0$ — ersetzen können, ohne den Schwingungsvorgang im geringsten zu ändern. Ebenso können wir auch die Feder bei mehreren Schwungmassen durch gleichwertige von größerer oder kleinerer Länge ersetzen, wenn wir nur stets den Wert von $\dfrac{c_0}{l}$ ungeändert lassen. Die Abstände der einzelnen Massen in der Ruhelage werden dadurch zwar geändert, aber die relative Bewegung der Massen gegeneinander, auf die es allein ankommt, wird nicht beeinflußt. Wir können diese Austauschbarkeit der Federn gegen gleichwertige von anderen Abmessungen mit Vorteil dazu benutzen, die verschiedenen Federn eines schwingenden Systems auf Federn von der gleichen Elastizitätszahl $c_0$[1]) zurückzuführen und die zugehörigen Längen der Schwingungsberechnung zugrunde zu legen. Dann genügt für jede Feder die Angabe der bezogenen Länge und die einmalige Angabe der Elastizitätszahl der Bezugsfeder.

Wir versuchen nun die Anordnung nach Abb. 13 durch Unterteilung auf Schwingungsanordnungen nach Abb. 1 zurückzuführen, die alle gleiche Schwingungsdauern $T$ haben müssen, damit sich

---

[1]) Unter der Elastizitätszahl $c_0$ einer Feder (oder eines elastischen Gliedes allgemein) verstehen wir das Hundertfache der Kraft, die ausgeübt werden muß, um ein Stück der Feder von der Einheitslänge um ein Hundertstel der Einheitslänge zusammenzudrücken oder zu dehnen. $c_0$ hat demnach die Dimension $kg$. Für prismatisch geformte Körper erhält man die Elastizitätszahl $c_0$ als das Produkt aus Elastizitätsmodul und Querschnittsfläche. Mit der Einführung der Elastizitätszahl ist der Vorteil verbunden, daß die für die Federsorte wesentlicheren Elastizitätseigenschaften durch *eine* Angabe wiedergegeben werden.

Drei und mehr Massen mit zwischenliegenden Zugfedern.

die Einzelanordnungen zu der Gesamtanordnung ohne äußere Kräfte zusammenfassen lassen. Die Federkraft $c$, von der nach Gleichung 9 die Schwingungsdauer $T$ abhängt, ist wieder umgekehrt verhältnisgleich der Federlänge, also

$$c = \frac{c_0}{l} \quad \text{und} \quad T = 2\pi \sqrt{\frac{m\,l}{c_0}}.$$

Wir haben nun die Masse $m_2$ und die Federlängen $l_1$ und $l_2$ (Abb. 13) so zu unterteilen, daß alle Massen mit den zugehörigen Federlängen multipliziert gleiche Produkte geben, also:

42. $\quad m_2 = m_{21} + m_{22}; \quad l_1 = l_{11} + l_{12}; \quad l_2 = l_{22} + l_{23};$
$\quad\quad m_1 \cdot l_{11} = m_{21}\, l_{12} = m_{22}\, l_{22} = m_3\, l_{23}.$

Wenn uns diese Unterteilung gelingt, haben wir 4 Schwingungsanordnungen nach Abb. 1 mit gleichen Schwingungsdauern, die zusammengesetzt die Anordnung Abb. 13 ergeben.

Die Gleichungen 42 können wir nach $l_{11}$ auflösen. Es ist:

43. $\quad m_1 l_{11} = m_3 (l_2 - l_{22}) = m_3 \left[ l_2 - (l_1 - l_{11}) \dfrac{m_{21}}{m_2 - m_{21}} \right]$

$\quad\quad = m_3 \left[ l_2 - (l_1 - l_{11}) \dfrac{m_1 l_{11}}{m_1(l_1 - l_{11}) - m_1 l_{11}} \right]$

$\quad\quad \cdot m_1 l_{11} [m_2(l_1 - l_{11}) - m_1 l_{11}]$

$\quad\quad = m_3 l_2 [m_2(l_1 - l_{11}) - m_1 l_{11}] - m_1 m_3 l_{11} (l_1 - l_{11}).$

Zur Vereinfachung nennen wir $\dfrac{m_2}{m_1} = \mu_2;\quad \dfrac{m_3}{m_1} = \mu_3;\quad \dfrac{l_1}{l_{11}} = \lambda$
und $\dfrac{l_2}{l_{11}} = \lambda \dfrac{l_2}{l_1}$. Die Unbekannte, nach der die Gleichung aufgelöst werden muß, ist dann $\lambda$:

44. $\quad [\mu_2(\lambda - 1) - 1] = \mu_3 \lambda \dfrac{l_2}{l_1} [\mu_2(\lambda - 1) - 1] - \mu_3(\lambda - 1)$

$\lambda^2 \left( \mu_2 \mu_3 \dfrac{l_2}{l_1} \right) - \lambda \left[ \mu_2 + \mu_2 \mu_3 \dfrac{l_2}{l_1} + \mu_3 \dfrac{l_2}{l_1} + \mu_3 \right] + (\mu_2 + \mu_3 + 1) = 0,$

$\lambda^2 - \lambda \left[ \dfrac{1}{\mu_3} \dfrac{l_1}{l_2} + \dfrac{1}{\mu_2} \dfrac{l_1}{l_2} + \dfrac{1}{\mu_2} + 1 \right] + \dfrac{(1 + \mu_2 + \mu_3)}{\mu_2 \mu_3} \cdot \dfrac{l_1}{l_2} = 0.$

Mit den beiden Lösungen:

45. $\quad \lambda_{I,II} = \dfrac{1}{2} \left[ \dfrac{1}{\mu_3} \dfrac{l_1}{l_2} + \dfrac{1}{\mu_2} \dfrac{l_1}{l_2} + \dfrac{1}{\mu_2} + 1 \right] \pm$

$\sqrt{\dfrac{1}{4} \dfrac{(\mu_2 l_1 + \mu_3 l_1 + \mu_3 l_2 + \mu_2 \mu_3 l_2)^2 - l_1(1 + \mu_2 + \mu_3)\cdot \mu_2 \mu_3 l_2}{(\mu_2 \mu_3 l_2)^2}}.$

Wir erhalten so 2 Werte für $\lambda$ und damit 2 Werte für $l_{11} = \dfrac{l_1}{\lambda}$ und daraus wiederum 2 Werte für die Schwingungsdauer $T = 2\pi \sqrt{\dfrac{m_1 l_{11}}{c_0}}$. Der größere Wert $T_I$ ist die Schwingungsdauer 1. Ordnung, der kleinere $T_{II}$ die Schwingungsdauer 2. Ordnung.

Das Verfahren ist von A. Föppl in „Vorlesungen" Bd. IV und von Wydler „Drehschwingungen in Kolbenmaschinenanlagen" für 3 und mehr Massen durchgeführt. Da immer umständliche Ausdrücke auftreten, ist es für praktische Fälle, besonders wenn mit mehr als 3 schwingenden Massen gerechnet werden muß, vorteilhafter, ein Annäherungsverfahren anzuwenden und auf diese Weise die allein interessierende Schwingungsdauer 1. und, wenn es nötig ist, auch die 2. Ordnung zu berechnen.

**§ 10. Annäherungsverfahren zur Bestimmung der Schwingungsdauer 1. Ordnung.** Wir versuchen die Gleichung 42, die für beliebig viele schwingende Massen in gleicher Weise aufgebaut werden kann, durch Probieren zu lösen. Wir wollen zu diesem Zweck einen Anhalt suchen, wie wir den Wert $\lambda_{11}$ beim 1. Probierversuch wählen sollen.

Die Schwingung 1. Ordnung, auf die es uns allein ankommt, hat einen zwischen den Massen liegenden Knotenpunkt. Bei nur 2 Massen fällt der Knotenpunkt $K_I$ mit dem Schwerpunkt $S$ zusammen, bei mehr als 2 Massen sind im allgemeinen beide Punkte um ein im Vergleich zu den Gesamtabmessungen der Anordnung kleines Stück voneinander entfernt.

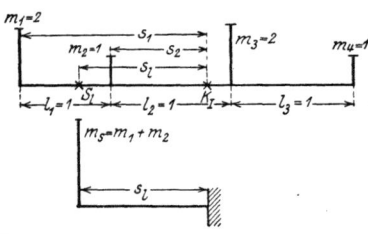

Abb. 14. Feder mit 4 Massen.

Wir nehmen für den 1. Probierversuch an, $K_I$ falle mit $S$ zusammen. Durch $K_I$ wird die Anordnung, etwa die in Abb. 14 dargestellte, in 2 Teile geteilt, deren jeder gleiche Schwingungsdauer mit der Gesamtanordnung hat. Statt der Aufgabe, die Schwingungsdauer $T_I$ der gesamten Anordnung zu bestimmen, haben wir jetzt die Aufgabe zu lösen, die Schwingungsdauer der einen (etwa der linken) Hälfte zu bestimmen, deren Endpunkt in $K_I$ festgehalten ist. Wenn wir uns die Massen $\sum m = m_s$ links von $K$ in ihrem Schwerpunkt $S_l$ in der Entfernung $s_l$ von $K_I$

Annäherungsverfahren zur Bestimmung der Schwingungsdauer. 21

vereint denken, so erhalten wir ein neues schwingendes System $m_s s_l$, dessen Schwingungsdauer $T_s = 2\pi \sqrt{\dfrac{m_s s_l}{c_0}}$ auf alle Fälle größer ist als die gesuchte Schwingungsdauer $T_1$ und kleiner als $\sqrt{2}\, T_1$, wovon man sich durch Probieren überzeugen kann. Wir setzen:

46. $\qquad m_1 l_{11} = \gamma \cdot m_s s_l = B = 0{,}85\, m_s s_l\,,$

wobei $\gamma$ ein echter Bruch ist. Für die erste Annäherung setzen wir $\gamma = 0{,}85$ und erhalten damit den 1. Annäherungswert für $T_1$, der im allgemeinen weniger als 5 v. H. vom tatsächlichen $T_1$ abweicht.

Die 2. Annäherung erhält man, wenn man den 1. Annäherungswert für $[m\,l] = B'$ zur Auflösung der Gleichungen 42 benutzt. Man berechnet zuerst $l_{11}$ nach Gleichung 46 zu

47. $\qquad l_{11} = \dfrac{B'}{m_1}.$

Dann $m_{21}$ aus dem 2. Glied der Gleichung 42 zu:

48. $\qquad m_{21} = \dfrac{B'}{l_1 - l_{11}}$

und erhält aus dem letzten Glied der Gleichung 42, wenn man sie auf 4 schwingende Massen (Abb. 14) erweitert denkt:

49. $\qquad m_4'\,(l_3 - l_{33}) = B'\,.$

Da $l_{33}$ schon aus dem vorausgehenden Ansatz bekannt ist, liefert Gleichung 49 einen Wert für $m_4'$, der von den vorausgehenden Annahmen abhängt und der nicht mit dem bestimmten Wert von $m_4' = 1$ der Anordnung nach Abb. 14 übereinstimmen wird. Wir erhalten also den Wert, den die Masse $m_4$ haben müßte, wenn der Ansatz $m_1 l_{11} = B'$ wirklich die Lösung der Gleichung 42 wäre.

Tabelle I.

| 1 | 2 | 3 | 4 | 5 | 6 | 7 | 8 | 9 | 10 | 11 | 12 | 13 |
|---|---|---|---|---|---|---|---|---|---|---|---|---|
| $s_1$ | $\Sigma ms$ | $\gamma_1$ | $B_1$ | $l_{11}$ | $m_{21}$ | $l_{22}$ | $m_{32}$ | $l_{33}$ | $m_4'$ | $s_1'$ | $\Sigma ms'$ | $\gamma_2$ |
| 1,33 | 3,0 | 0,850 | 2,55 | 1,275 | −9,27 | 0,248 | 3,39 | −1,835 | 0,900 | 1,30 | 2,90 | 0,880 |
| — | — | 0,880 | 2,64 | 1,32 | −8,25 | 0,2855 | 3,695 | −1,558 | 1,032 | — | — | — |

$$B = 2{,}55 + 0{,}09\,\frac{1 - 0{,}900}{1{,}032 - 0{,}900} = 2{,}55 + 0{,}068 = 2{,}618;$$

$$\gamma = 0{,}873\,.$$

Nach diesen Überlegungen ist die 1. Zeile der Tabelle I unter Zugrundelegung der in Abb. 14 eingetragenen Maßzahlen berechnet. Man erhält hier für $m_4'$ den Wert 0,900 statt des gegebenen 1,0. Für die Anordnung mit den Massen $m_1$, $m_2$, $m_3$ und $m_4'$ kennt man einerseits $B$ und damit nach der Gleichung 41 die Schwingungsdauer $T_I = 2\pi\sqrt{\dfrac{B}{c_0}}$; andererseits kann man hierfür den Schwerpunkt $S$ und $m_s s_l$ links von $S$ berechnen. Man kann also nach Gleichung 9 rückwärts das $\gamma$ ermitteln (Spalte 11 bis 13).

Für die Berechnung der 2. Annäherung nimmt man an, daß die Anordnung mit der Masse $m_4$ das gleiche $\gamma$ habe wie die Anordnung mit der Masse $m_4'$ und rechnet die 2. Zeile der Tabelle mit $\gamma_2 = 0{,}880$ wieder unter Benutzung der Gleichung 42 durch. Man erhält so ein $m_4'' = 1{,}03$, das dem $\gamma = 0{,}880$ entspricht und das dem wirklichen Wert $m = 1{,}0$ schon beträchtlich näher liegt als $m_4'$. Die verschiedenen Werte, die für $m_4$ erhalten werden, kann man in einer Kurve auftragen, von der die beiden Punkte $m_4'$, $B'$ und $m_4''$, $B''$ bekannt sind. Um das $B$ zu berechnen, das zum tatsächlich vorhandenen $m_4$ gehört, denkt man sich das Kurvenstück durch eine Gerade ersetzt und extra- bzw. intrapoliert nach der Formel:

50. $$B = B' + (B'' - B')\frac{m_4 - m_4'}{m_4'' - m_4'},$$

die in der Tabelle den Wert $B = 2{,}618$ liefert.

Wie man sieht, ist in diesem Falle das $\gamma = 0{,}880$, das in der 1. Zeile erhalten wird, eine gute Annäherung an das tatsächliche Ergebnis ($\gamma = 0{,}873$). Das ist aber in diesem besonderen Falle darauf zurückzuführen, daß die Massenverteilung verhältnismäßig gleichmäßig ist. Im allgemeinen Falle, z. B. bei der Berechnung einer Schiffswelle auf Drehschwingungen, kann es vorkommen, daß die letzte Schwungmasse, z. B. die Schiffsschraube, ein im Vergleich zu den übrigen Massen kleines Trägheitsmoment hat. Dann ist es, wenn man eine rasche Annäherung an den wahren Wert haben will, empfehlenswert, die Berechnung unter Benutzung des $\gamma' = 0{,}85$ und $B'$ von beiden Seiten zu beginnen und bei jener Masse $m_r$, deren statisches Moment auf $S$ (Schwerpunkt der gesamten Anordnung) bezogen — also $m_r s_r$ — den größten Wert hat, endigen zu lassen.

Nach Tabelle I und Formel 42 würde sich die Schwingungsdauer 1. Ordnung berechnen zu

51. $$T_I = 2\pi\sqrt{\dfrac{2{,}618}{c_0}}.$$

## § 11. Grenzfälle und Schwingungen höherer Ordnung.

Die Größe von $c_0$ ist in einem bestimmten Fall durch die Abmessungen der Bezugsfeder gegeben.

**§ 11. Grenzfälle und Schwingungen höherer Ordnung.** Bei der Berechnung der Schwingung können 2 Grenzfälle auftreten:

1. An einer bestimmten Stelle, z. B. an der Stelle 2, kann das $m_{21}$, das nach Gleichung 42 errechnet wird, gleich $m_2$ sein. Dann wird im nächsten Glied $(m_2 - m_{21}) = 0$ und $l_{22} = \infty$, und in dem darauffolgenden Glied $l_2 - l_{22} = -\infty$ und $m_{32} = 0$. Das Wellenstück $l_2$ hat also einen außenliegenden Knotenpunkt im Unendlichen; d. h. $l_2$ ändert bei der Schwingungsbewegung seine Länge nicht. Die beiden Massen $m_2$ und $m_3$ bleiben bei der Schwingung in stets gleicher Entfernung oder, wenn man sie als Schwungmassen und die Federn als Wellen ansieht: sie führen gegeneinander keine Verdrehungen aus.

2. An einer Stelle, z. B. Stelle $m_3$, wird $l_{22} = l_2$; dann ist $(l_2 - l_{22}) = 0$ und, nach Gleichung 42, wenn sie für 4 Massen erweitert wird, $m_{32} = \infty$, also auch $m_3 - m_{32} = -\infty$ und $l_{33} = 0$. Das heißt: ein Knotenpunkt liegt in der Masse $m_3$. Die Masse macht bei der Schwingung, für die sie Knotenpunkt ist, keine Bewegungen mit.

Aus Gleichung 42 ersieht man ferner, daß Massen und Längen für die Schwingung vollständig gleichwertig sind. Beide werden nach bestimmten Verhältniszahlen geteilt und es spielt immer nur das Produkt aus einem Massenteil und einem Längenteil eine Rolle. Man kann deshalb auch in der Darstellung die Massen durch wagrechte nebeneinander gereihte Strecken und die Federlängen durch zwischengesetzte senkrechte Strecken wiedergeben. Aus Abb. 14 wird dann Abb. 15.

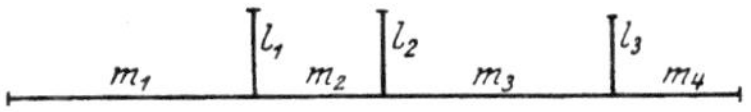

Abb. 15. Federn und Massen miteinander vertauscht.

Für die Zergliederung des Schwingungsvorgangs muß es gleichgültig sein, welche der beiden Größen $m$ und $l$ man als Massen und welche als Längen auffaßt. Daraus folgt, daß den Knotenpunkten, die die Längen

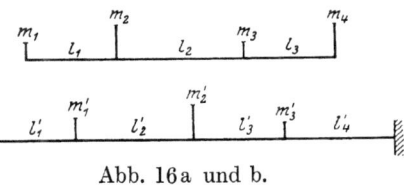

Abb. 16a und b.

unterteilen, solche entsprechen müssen, die die Massen unterteilen. Jede zwischenliegende Masse und Länge wird durch einen inneren oder äußeren Knotenpunkt unterteilt. Nur die inneren Knotenpunkte treten bei der Schwingung in die Erscheinung.

In Abb. 16 sind Massen und Längen gegenseitig vertauscht worden. Abb. 16a stellt eine Anordnung dar, die an beiden Enden durch je eine Masse begrenzt wird. Durch Vertauschung erhält man daraus Abb. 16b, bei der die Enden durch die Federn $l_1'$ bzw. $l_4'$ gebildet werden. Die Anordnung 16b geht aus 16a hervor, wenn man die Strecken $m$ und $l$ bzw. $m'$ und $l'$ wechselseitig unter Berücksichtigung eines bestimmten Maßstabes gleich setzt, also:

52. $$m_1 = l_1'; \quad m_2 = l_2'; \quad m_3 = l_3'$$

und $$l_1 = m_1'; \quad l_2 = m_2'; \quad l_3 = m_3'$$

Die beiden Anordnungen haben, wenn für beide das Produkt $ml$ gleich ist, gleiche Schwingungsbilder und Schwingungsdauern. In den vorausgehenden Ausführungen ist deshalb schon die Lösung für die Aufgabe, die Eigenschwingungszahlen einer Schwingungsanordnung zu bestimmen, deren Schlußfedern an beiden Enden festgehalten sind, mit enthalten.

Bei einer Schwingung von der $r$-ten Ordnung wird eine Anordnung mit außenliegenden Massen (nach Art der Abb. 16a) durch $r$ innenliegende Längenknotenpunkte und $r-1$ innenliegende Massenknotenpunkte unterteilt. Die Schwingung 2. Ordnung hat also z. B. 2 Längenknotenpunkte $K_1$ und $K_2$ und einen Massenknotenpunkt $Q_1$ (Abb. 17). Wenn bei der Anordnung mit $n$ Massen nicht 2 Massen, sondern 2 Federn außen liegen (Abb. 16b), dann sind bei der Schwingung $r$-ter Ordnung $r$ innenliegende Massenknotenpunkte und $r-1$ innenliegende Längenknotenpunkte vorhanden. Die Längenknotenpunkte sind dadurch ausgezeichnet, daß an diesen Stellen die Federn bei der Schwingung ruhen.

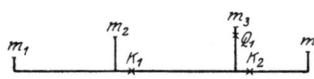

Abb. 17. Feder mit 4 Massen.
$K$ Knotenpunkte auf der Feder;
$Q$ Knotenpunkt auf der Masse.

Man ändert den Schwingungsvorgang nicht, wenn man die Feder an der Stelle $K$ aufschneidet und die beiden Enden festhält. Durch den Massenknotenpunkt dagegen wird die Masse so in 2 Teile geteilt, daß durch die Teilfläche bei der Schwingung keine Kräfte übertragen werden. Man kann also z. B. bei der Anordnung Abb. 17 die Masse $m_3$ in $Q_1$ aufschneiden, ohne die zugehörige Schwingung 2. Ordnung dadurch zu stören. Durch $Q_1$ wird die Gesamtanordnung so in 2 Teile geteilt, daß die Schwingung 1. Ordnung jeden Teiles gleich der Schwingung 2. Ordnung der Gesamtordnung ist.

Wenn die Schwingung 1. Ordnung bekannt ist und die Schwingung 2. Ordnung berechnet werden soll, weiß man vor allem, daß $T_I$ kleiner ist als $T_{II}$. Den ersten Ansatz wählt man zweckmäßig so, daß man $B_{II}$ etwa gleich setzt $\frac{1}{3} B_I$. Die weitere Durchrechnung zur Annäherung an den tatsächlichen Wert findet in gleicher Weise wie bei Tabelle II statt.

**§ 12. Drehschwingungen.** Die Berechnung von Drehschwingungen ist ein praktisch besonders wichtiges Kapitel, das namentlich im Maschinenbau eine große Rolle spielt. Der Weg, den wir hier einzuschlagen haben, ist aus § 2 schon bekannt. Wir können die Drehschwingung auf die in § 9 behandelte geradlinige Schwingung zurückführen. Die einzige Schwierigkeit, die hierbei zu überwinden ist, besteht darin, daß die Schwungmassen und die Wellenstücke in geeigneter Weise auf geradlinig schwingende Massen und Federstücke zurückgeführt werden müssen. In welcher Weise das am einfachsten geschieht, wollen wir in einem Zahlenbeispiel zeigen:

Durchrechnung eines Zahlenbeispiels.

Die auf einer Schiffswelle sitzenden Schwungmassen mögen durch die in Abb. 18 eingeschriebenen Zahlenwerte gegeben sein. Die Trägheitsmomente sind Massenträgheitsmomente, also von der Dimension kg cm sec². Wir haben die Anordnung zuerst auf einheitliche Bezugsfedern, d. h. gleiche Wellendurchmesser, umzurechnen, und zwar wählen wir als Bezugswelle ganz willkürlich

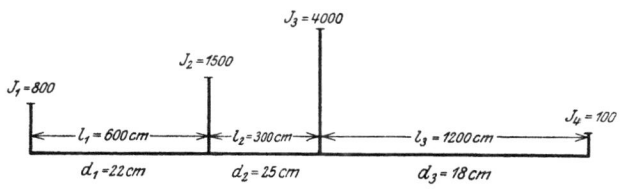

Abb. 18. Welle mit 4 Schwungmassen.

jene Welle, die bei der Länge von 1 cm und dem Drehmoment von 1 cm/kg die Verdrehung $\dfrac{1}{10^8}$ (oder $57{,}3° \cdot 10^{-8}$) liefert. Die drei in der Abbildung auftretenden Wellenstücke von den Längen $l$ werden auf die Längen $l_{\text{bez}}$ der Bezugswelle so umgerechnet, daß die tatsächlichen Wellenstücke und die zugehörenden Bezugswellenstücke bei gleichem Drehmoment gleiche Verdrehungswinkel ergeben. Nach einer bekannten Formel der Festigkeitslehre ist:

53. $$\Delta \varphi = \frac{M l}{G i_p},$$

wobei $i_p$ das polare Trägheitsmoment $\dfrac{\pi r^4}{2}$ der Wellenquerschnittsfläche ist. $G$ ist der Schubelastizitätsmodul, der für Stahl $0{,}8 \cdot 10^6$ kg/qcm beträgt. Da Wellenstück und Bezugswellenstück bei gleichem Drehmoment gleichen Verdrehungswinkel haben sollen, ist nach Gleichung 53:

54. $$\frac{l}{i_p} = \frac{l_{bez.}}{(i_p)_{bez.}} \quad \text{oder} \quad l_{bez.} = \frac{l \, (i_p)_{bez.}}{i_p} \; ;$$

das Trägheitsmoment der Bezugswelle ist mit $(i_p)_{bez.}$ bezeichnet. Wenn wir in Gleichung 53 die bestimmten für die Bezugswelle gemachten Annahmen einsetzen, erhalten wir:

55. $$(i_p)_{bez.} = \frac{10^8}{0{,}8 \cdot 10^6} = 125 \text{ cm}^4$$

und

56. $$l_{bez.} = 125 \frac{l}{i_p}$$

nach dieser Formel sind die 3 Stücke $l_{1\,bez.}$, $l_{2\,bez.}$ und $l_{3\,bez.}$ der Bezugswelle berechnet und in Abb. 19 eingetragen.

Die Schwingungsdauer der Anordnung wird, wie im Vorausgehenden ausgeführt ist, nicht geändert, wenn die Schwungmassen vom Trägheitsmoment $J$ durch geradlinig schwingende Massen $m$ und die Wellenstücke durch Zug- und Druckfedern ersetzt werden. Die Bezugsfeder ist dabei in Anlehnung an die Wahl der Bezugswelle so zu wählen, daß sie bei der Länge von 1 cm und der Zusammendrückung um $\dfrac{1}{10^8}$ cm die Kraft von 1 kg auslöst. Für die Anordnung mit den geradlinig schwingenden Massen kann man sich den Schwerpunkt $S$ berechnen, wenn man überdies noch voraussetzt, daß die Massen keine Breite haben, also je in einem Massenpunkt vereinigt sind (Schwingungsschwerpunkt).

Der Abstand der Masse $m_1$ vom Schwerpunkt $S$ wird berechnet nach der Formel:

57. $$m_1 s_1 + m_2 (s_1 - l_1) = m_3 (l_1 + l_2 - s_1) + m_4 (l_1 + l_2 + l_3 - s_1)$$
$$s_1 = \frac{m_2 l_1 + m_3 (l_1 + l_2) + m_4 (l_1 + l_2 + l_3)}{m_1 + m_2 + m_3 + m_4}.$$

Der Wert von $\sum ms$ der Massen rechts oder links von $S$ ist für die in Abb. 18 gemachten Zahlenangaben:

58. $$\sum ms = m_1 s_1 + m_2 s_2 = 3625 \text{ cm kg} \frac{\sec^2}{\text{cm}}.$$

Drehschwingungen.

Der 1. Annäherungswert für die Schwingungsdauer 1. Ordnung wird demnach unter Benutzung der Werte $\gamma_1 = 0{,}85$ und $c_0 = 10^8$ kg erhalten zu:

59. $$T_1 = 2\pi \sqrt{\frac{\gamma_1 \cdot 3625}{10^8}} = 0{,}0346$$

und

$$n_1 = \frac{60}{T_1} = 1725 \frac{1}{\min}.$$

Zahlentafel.

| 1 | 2 | 3 | 4 | 5 | 6 | 7 | 8 | 9 | 10 | 11 | 12 | 13 | 14 | 15 | 16 | 17 | 18 |
|---|---|---|---|---|---|---|---|---|---|---|---|---|---|---|---|---|---|
| $s_1$ | $\sum ms$ | $\gamma_1$ | $B'$ | $l_{11}$ | $l_{12}$ | $m_{21}$ | $m_{22}$ | $l_{23}$ | $l_{23}$ | $m_{32}$ | $l_{34}$ | $l_{33}$ | $m_{33}$ | $m_3'$ | $s_1'$ | $\frac{\sum ms}{l}$ | $\gamma_2$ |
| 3,70 | 3625 | 0,850 | 3080 | 3,85 | —0,59 | —5260 | 6760 | 0,456 | 0,522 | 5930 | 30,8 | —16,2 | —190 | 5740 | 3,82 | 3900 | 0,790 |
| — | — | 0,790 | 2862 | 3,58 | —0,32 | —9090 | 10590 | 0,270 | 0,708 | 4060 | 28,6 | —14,05 | —203 | 3860 | | | |

$$B = 3080 - (3080 - 2862)\frac{5700 - 4000}{5740 - 3860} = 2880.$$

Unter Benutzung der Formel 42 ist die Zahlentafel berechnet worden. Da die am weitesten rechts gelegene Masse $m_4$ in Abb. 19

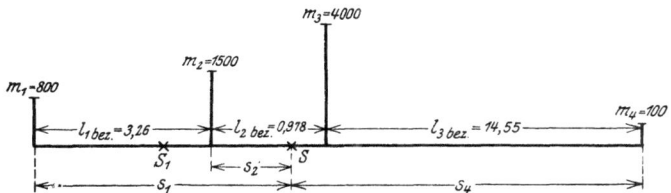

Abb. 19   Massen zwischen Federn entsprechend der Anordnung Abb. 18. Federlängen sind auf Einheitsfeder bezogen.

nur geringes Gewicht — also ein kleines statisches Moment auf $S$ bezogen — hat, ist bei der Aufstellung der Tabelle die Masse $m_3$, die das größte statische Moment in bezug auf $S$ hat, als Schlußmasse angenommen worden. In Spalte 12—14 ist deshalb von rechts mit der Lösung der Gleichung begonnen und in Spalte 15 $m_3$ als Summe der Ergebnisse der Spalten 11 und 14 eingesetzt worden. Hätte die Anordnung der Abb. 19 statt der Masse $m_3 = 4000$ kg $\frac{\sec^2}{\text{cm}}$ die Masse $m_3' = 5740$ kg $\frac{\sec^2}{\text{cm}}$ aus der 1. Reihe, 15. Spalte der Tabelle, so wäre der angenommene Wert $B = 3080$ der richtige Wert zur Bestimmung von $T_1$. Für diese Anordnung mit $m_3'$ ist in Spalte 17 wieder der Schwerpunkt und das $\sum ms$ links vom Schwerpunkt berechnet worden. Daraus erhält man in Spalte 18 das tatsächliche $\gamma = 0{,}790$ für die Anordnung mit den Massen $m_1, m_2, m_3'$ und $m_4$, das in der 2. Zeile als neuer Annäherungswert für die Anordnung nach Abb. 19 verwendet worden ist. Mit $\gamma = 0{,}790$ erhält man in der 2. Zeile das $B''$ für eine Anordnung mit der Schwungmasse $m_3'' = 3850 \text{ kg} \dfrac{\sec^2}{\text{cm}}$, die der gegebenen Anordnung mit der Masse $m_3 = 4000 \text{ kg} \dfrac{\sec^2}{\text{cm}}$ schon recht ähnlich ist. Durch Interpolation wird nach Gleichung 50 der Wert $B$ für die durch Abb. 19 gegebene Anordnung und daraus $n_1 = 1785$ als minutliche Periodenzahl für die Schwingung 1. Ordnung erhalten.

**§ 13. Schwingungen eines gespannten Seiles, das mit mehreren Lasten behaftet ist.** Hierher gehört z. B. die Aufgabe, die Schwingungsdauer des Drahtseiles einer Drahtseilbahn zu berechnen, an dem mehrere Kasten hängen. Wir behandeln die Aufgabe nur für den Fall, daß das Eigengewicht des Drahtseils vernachlässigt oder daß die Masse des Drahtseils in einem oder mehreren Massenpunkten vereinigt gedacht werden kann. Auf genauere Berücksichtigung der Drahtseilmasse kommen wir im 3. Kapitel zurück.

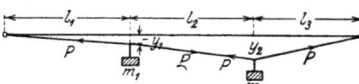

Abb. 20. Gespanntes Seil mit Lasten.

Wir vernachlässigen ferner die Biegungssteifigkeit des Drahtseils und nehmen an, in dem Drahtseil wirke überall die Zugkraft $P$. Die Ausschläge der Massen sollen nur klein sein, so daß die beiden Kräfte, die in wagerechter Richtung an jeder der Massen $m$ (Abb. 20) wirken, ausgeglichen sind. In senkrechter Richtung wirkt an $m_1$ die Kraft $P\dfrac{y_1}{l_1} - P\dfrac{y_2 - y_1}{l_2}$; es ist also:

60. $$m_1 \frac{d^2 y_1}{dt^2} = -P\left(\frac{y_1}{l_1} - \frac{y_2 - y_1}{l_2}\right)$$

und für die Berechnung der Beschleunigung der Masse $m_n$ gilt die Gleichung:

61. $$m_n \frac{d^2 y_n}{dt^2} = -P\left(\frac{y_n - y_{n-1}}{l_n} - \frac{y_{n+1} - y_n}{l_{n+1}}\right).$$

Eine ähnliche Gleichung würden wir erhalten, wenn wir die Gleichung 2 für mehrere geradlinig zwischen Federn schwingende Massen aufzustellen hätten: statt $y_n$ würden wir den Ausschlag $\xi_n$ nennen und statt $P$ würde die Elastizitätszahl der Feder $c_0$ auftreten. Wir können deshalb die Aufgabe auf ein geradlinig schwingendes Massensystem mit gleichen Massen und Längen zurückführen, wenn wir die Elastizitätszahl $c_0$ der Feder gleich $P$ wählen. Die Schwingungsdauer $T_1$ ist demnach $T_1 = 2\pi \sqrt{\dfrac{m_1 l_{11}}{P}}$.

Die Aufgabe, die Länge $l_{11}$ durch Unterteilung in Einzelanordnungen zu finden, ist in den beiden vorausgehenden Paragraphen behandelt worden.

### § 14. Biegungsschwingungen einer Welle gleicher Stärke mit mehreren Massen.

Wir setzen die Welle (oder den Balken) selbst als masselos voraus. Infolge der aufgesetzten Massen biegt sich die Welle durch; es entsteht im Ruhezustand eine elastische Linie, deren Betrachtung hier kein Interesse hat, da sie ohne Einfluß auf den Schwingungsvorgang ist. Wir denken uns deshalb die Welle dem Anziehungsfeld der Erde entrückt oder wir betrachten die Wellenschwingung in der horizontalen Ebene.

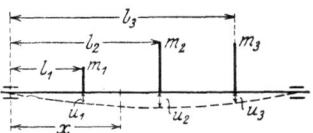

Abb. 21. Biegungsschwingung einer Welle mit aufgesetzten Massen.

In Abb. 21 ist die Welle mit z. B. 3 Massen $m_1$, $m_2$, $m_3$ in der Mittellage und in einer Zwischenlage bei der Biegungsschwingung dargestellt. Es wird vorausgesetzt, daß die Welle überall gleiches axiales Trägheitsmoment $J_a$ haben möge. Eine Formel, nach der die Schwingungsdauer von Wellen mit verschieden starkem Durchmesser berechnet werden können, wird im nächsten Paragraphen gebracht werden.

Nach den vorausgehenden Überlegungen schließen wir mit Rücksicht auf die erforderlichen Freiheitsgrade — jede Masse $m_n$ wird für einen bestimmten Augenblick durch die Angabe der Durchbiegung $u_n$ und der Geschwindigkeit $\dfrac{d u_n}{d t}$ gegeben —, daß sich die allgemeinste Schwingungsbewegung in einer Ebene in soviele Schwingungsordnungen zerlegen läßt, als Massen vorhanden sind. Als Schwingung 1. Ordnung bezeichnen wir wie vorher die, bei der alle Massen zur gleichen Zeit nach der gleichen Seite zu ausgelenkt sind.

Wenn wir nun die Schwingung 1. Ordnung betrachten, so hat die Masse $m_n$ in einem bestimmten Augenblick die Durchbiegung $u_n$ und zu einer anderen Zeit (z. B. zur Zeit $t = 0$) die größte Durchbiegung $u_{n0}$; alle Massen gehen zur gleichen Zeit (z. B. zur Zeit $t = a$) durch die Nullage; es ist also $u_{na} = 0$ und $\left(\dfrac{d u_n}{d t}\right)_a = v_{mx}$.

Wenn wir an der Stelle $x$ einen Schnitt durch die Welle legen, so wird durch den Querschnitt die resultierende Schubkraft $V$ übertragen. Es ist

62. $$V = A - \sum m \frac{d^2 u}{dt^2},$$

wobei die Summierung über alle Massen links vom Schnitt zu erstrecken ist. Mit $A$ ist die für alle Schnitte $x$ gleiche Lagerkraft am linken Ende bezeichnet. $V$ ändert sich sprungweise, wenn wir $x$ verändern, sobald eine neue Masse einbegriffen wird. Außer $V$ wird aber im Querschnitt noch das Biegungsmoment $M$ übertragen, das nach einer Formel der Festigkeitslehre mit $V$ einerseits und mit $u$ andererseits durch die Beziehungen verbunden ist:

63. $\dfrac{dM}{dx} = V$.     64. $\dfrac{d^2 u}{dx^2} = \dfrac{M}{JE}$.

Es soll nun die Schwingungsdauer $\dfrac{T_I}{4}$ berechnet werden, die verstreicht, bis die Welle aus der äußersten Lage 0 in die mittlere Lage $a$ übergeführt ist. An dem Wellenstück links vom Schnitt wirkt von äußeren Kräften einerseits die Auflagekraft $A$ und anderseits die Scherkraft $V$. Wir setzen $A = A_0 \cos \dfrac{2\pi t}{T_I}$ und $V = V_0 \cdot \cos \dfrac{2\pi t}{T_I}$ und erfüllen damit die Bedingungen, daß für $t = 0$, $A = A_0$ und $V = V_0$ und zur Zeit $t = \dfrac{T_I}{4}$ $A = V = 0$ wird. Nach dem Impulssalz ist:

65. $$\int_{t=0}^{\frac{T_I}{4}} (A + V) \cdot dt = \sum m_n \left(\frac{du_a}{dt}\right)_n = (A_0 + V_0) \frac{T_I}{2\pi} = \sum m_n v_{an},$$

wobei die Summierung wieder über alle Massen links vom Schnitt zu erstrecken ist. Aus der Gleichung 65 ist durch Einführung von $V = V_0 \cos \dfrac{2\pi t}{T_I}$ die Zeit $t$ herausgefallen. Es treten nur die Geschwindigkeiten $v_a$ der Massen in der Mittellage, die Auflagekraft $A_0$ und die Scherkraft $V_0$ in der äußersten Endlage, also zur Zeit $t = 0$, und die Schwingungsdauer $T_1$ auf.

Aus 63 bis 65 folgt:

66. $$\frac{T_I}{2\pi} \cdot (A_0 + V_0) = \frac{T_I}{2\pi} \cdot \left(A_0 + \frac{dM_0}{dx}\right) = \frac{T_I}{2\pi} \cdot \left(A_0 + \frac{d^3 u_0}{dx^3} \cdot JE\right)$$
$$= \sum m_n v_{an}.$$

## Biegungsschwingungen einer Welle gleicher Stärke mit mehreren Massen. 31

Mit $v_{an}$ wird die Geschwindigkeit der Masse $m_n$ zur Zeit des Durchgehens durch die Mittellage — also zur Zeit $t = a$ —, mit $v_n$ die Geschwindigkeit zu einer beliebigen Zeit bezeichnet. Für $v_n$ können wir, da die Geschwindigkeiten der verschiedenen Massen $m_n$ in der Mittellage $a$ den von der Endlage 0 aus zurückgelegten Wegen $u_{n0}$ verhältnisgleich sind, schreiben $v_n = v_{na} \sin \dfrac{2\pi t}{T_I}$
und $u_{n0} = \int\limits_{t=0}^{\frac{T_I}{4}} v_n \, dt = v_{na} \dfrac{T_I}{2\pi}$; also:

67. $\qquad \left(\dfrac{T_I}{2\pi}\right)^2 \left(A_0 + JE \dfrac{d^3 u_0}{d x^3}\right) = \sum m_n u_{n0}$.

Diese Gleichung läßt sich am besten graphisch nach der Regula falsi lösen: Wir ziehen in Abb. 22a zuerst eine elastische Linie für die größten Durchbiegungen $u_0$ als Funktion von $x$ nach Schätzung. Dann bilden wir $\dfrac{d^3 u_0}{d^3 x}$ nach Gleichung 67, wobei uns nur der Maßstab unbekannt ist, da wir nicht wissen, wie groß der Faktor $JE \left(\dfrac{T_I}{2\pi}\right)^2$ ist. Wir beachten, daß die beiden bei der Schwingung auftretenden Lagerreaktionen die einzigen äußeren Kräfte sind, die an der Welle angreifen und die die Massen $m$ beschleunigen. Die Resultierende der beiden Lagerkräfte ist gleich der Resultierenden der Beschleunigungskräfte, durch deren Beifügung wir den Augenblickszustand der Wellen erhalten können. Die Auflagekraft $A$ leistet während ein Viertel der Schwingungszeit $T_I$ den Impuls $\int\limits_{t=0}^{\frac{T_I}{4}} A \cdot dt$, wobei $A = A_0 \cdot \cos \dfrac{2\pi t}{T_I}$ ist. Nach dem Momentensatz können wir also schreiben, wenn wir den Momentenpunkt mit dem rechten Lager $B$ zusammenfallen lassen (Abb. 22a):

68. $\qquad l \cdot \int\limits_0^{\frac{T_I}{4}} A \, dt = l \cdot A_0 \cdot \dfrac{T_I}{2\pi} = \sum m_m l_m v_{am} = \dfrac{2\pi}{T_I} \sum m_m l_m u_{0m}$,

wobei die Summe über alle Massen zu erstrecken ist. Daraus:

69. $\qquad A_0 \cdot \left(\dfrac{T_I}{2\pi}\right)^2 = \dfrac{1}{l} \cdot \sum m_m l_m u_{0m}$

und
70. $\qquad A_0 \cdot \left(\dfrac{T_I}{2\pi}\right)^2 + B_0 \cdot \left(\dfrac{T_I}{2\pi}\right)^2 = \sum m_m u_{0m}$.

Praktisch verfahren wir bei der Konstruktion der Impulsfläche Abb. 22b so, daß wir zuerst von einer Linie *1—1* die Werte von $\sum m_n u_{0n}$ links vom Schnitt auftragen. Nach Berücksichtigung der letzten Masse ist die Ordinate gleich $A_0 \left(\dfrac{T_I}{2\pi}\right)^2 + B_0 \left(\dfrac{T_I}{2\pi}\right)^2$. Mit Hilfe von Gleichung 69 teilen wir von der letzten Ordinate $A_0 \left(\dfrac{T_I}{2\pi}\right)^2$ ab und ziehen die Linie *2—2*, die uns den Wert von $JE \left(\dfrac{T_I}{2\pi}\right)^2 \cdot \dfrac{d^3 u_0}{dx^3}$ an jeder Stelle angibt. Die Linie *2—2* ist, wie man sofort übersieht, so gezogen, daß die oberhalb und die unterhalb liegenden Flächenstücke gleichen Inhalt haben.

Durch Integration nach $x$ bekommen wir aus Abb. 22b den Kurvenzug 22c, dessen Ordinaten die 2. Ableitung von $u_0$ nach $x$ darstellen. $\dfrac{d^2 u_0}{dx^2}$ ist in den beiden Endlagen Null, da hier auch das Moment $M$ verschwindet (Gleichung 64). Die darauffolgende Integration liefert $\dfrac{d u_0}{dx}$, für

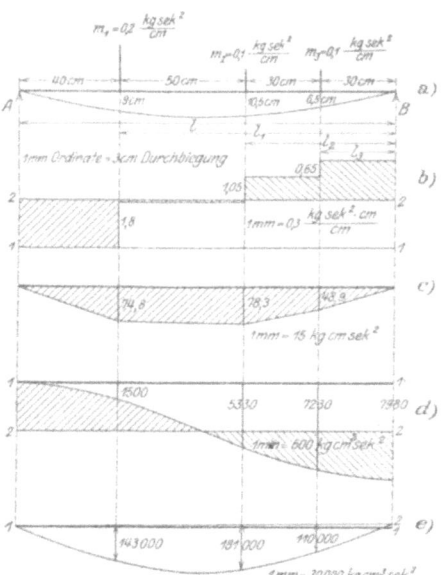

Abb. 22. Biegungsschwingung einer mit Massen behafteten Welle. Abb. 22e liefert die Größen von $JE \left(\dfrac{T_I}{2\pi}\right)^2 u_0$ an den Stellen 1, 2, 3 zu 143 000, 181 000 bezw. 110 000 kg cm³ sek². Diese Werte geteilt durch die Durchbiegung $u_0$ aus Abb. 22a liefert im Mittel $JE \left(\dfrac{T_I}{2\pi}\right)^2$ gleich 16 500 kg cm² sek². $J$ wird angenommen zu 2500 cm⁴, $E$ zu $2 \cdot 10^6$ kg/cm². Dann ist $T_I = 2\pi \sqrt{\dfrac{16500}{JE}}$ = 0,0115 sek und $u_I = 5200 \dfrac{1}{\min}$.

die die Lage der Nullachse noch nicht festliegt. Die letztere muß so gezogen werden, daß bei der nochmaligen Integration (Abb. 22e), die $u_0 = f(x)$ liefert, $u_0$ an den Stellen $x = 0$ und $x = l$ gleich Null werden. Nach den Lehren der graphischen Statik wird diese Bedingung dadurch erfüllt, daß man die Schlußpunkte des Kurvenzuges Abb. 22e verbindet. Eine Verschiebung der Ordinatenachse in Abb. 22d beeinflußt in Abb. 22e die Schrägstellung der Nullinie. Mit Rücksicht auf die Meßgenauigkeit ist es wünschenswert, die Nullinie in Abb. 22e möglichst wagrecht zu erhalten. Das läßt sich so erreichen, daß man in Abb. 22d eine neue, geschätzte Nullinie 2—2 so zieht, daß die vom Kurvenzug eingeschlossenen Flächenstücke oberhalb und unterhalb der Nullinie etwa gleich groß sind. Wenn die Schätzung genau richtig ausfällt, müssen die Punkte $1$ und $2$ in Abb. 22e zusammenfallen.

Die Abb. 22a und 22e würden an gleichen Stellen $x$ verhältnisgleiche Ordinaten haben, wenn die Schätzung der elastischen Linie 22a streng richtig wäre. Infolge von Abweichungen zwischen Schätzung und Wirklichkeit werden die Ordinaten der Kurve Abb. 22e von denen der Kurve Abb. 22a abweichen. Das hat seine tiefere Ursache darin, daß Kurve Abb. 22e wohl streng aus Abb. 22b abgeleitet ist. Bei der Aufzeichnung der Abb. 22b aus Abb. 22a kam es aber nicht auf die Ordinaten allein an, sondern es spielte immer nur das Produkt $m_n u_{n0}$ eine Rolle. Für die aus Abb. 22a entnommenen Produkte $m_n u_{n0}$ sind in Abb. 22e die zugehörigen Durchbiegungen gefunden und daraus können mit Hilfe von Abb. 22e die Massen $m'$ ermittelt werden, für die die Kurve Abb. 22a die richtige elastische Linie liefert. Wir können die Rechnung von neuem durchführen, wenn wir eine neue Abb. 22b zeichnen mit den in Abb. 22e ermittelten Durchbiegungen und den tatsächlichen Massen nach Abb. 22a. Auf diese Weise nähern wir uns dem Ergebnis an. Zur Beschleunigung der Annäherung können wir noch die Durchbiegungen nach Abb. 22e verbessern mit Rücksicht auf die Veränderung der Massen vom Wert $m'$ nach dem Wert $m$. Es wird sich leicht erreichen lassen, daß zum mindesten nach der 2. Annäherung befriedigende Übereinstimmung zwischen den Ordinaten der Abb. 22a und 22e erhalten wird. Man hat dann die Form der elastischen Linie in der äußersten Lage bei der Schwingung 1. Ordnung und es handelt sich nur noch darum, die Schwingungsdauer $T_I$ daraus zu berechnen.

Die Berechnung der Schwingungsdauer $T_I$ erfolgt durch Berücksichtigung des Maßstabes, in dem die verschiedenen Abbildungen aufgetragen sind: In Abb. 22a können wir den Maßstab der Durchbiegungen beliebig annehmen, da es nur auf die verhältnismäßige Größe der Durchbiegungen zueinander ankommt. Wir haben angenommen, daß die Durchbiegungen im gleichen Maßstab wie die Wellenlängen aufgetragen seien, ohne uns daran zu stoßen, daß die Welle gar nicht so große Durchbiegungen wie in Abb. 22a eingetragen, würde aushalten können. Die Maßstäbe der nachfolgenden Abbildungen ergeben sich dann durch die Integration, und zwar stellen die Ordinaten in Abb. 22e, die durch dreimaliges Integrieren aus Abb. 22b oder von Gleichung 67 erhalten sind, die Werte von $JE\left(\dfrac{T_I}{2\pi}\right)^2 u_0$ in kg cm$^3$ sec$^2$ dar. Die Größe von $u_0$ ist aber aus Abb. 22a bekannt. Durch Division der Ordinaten von Abb. 22e durch die zugehörigen Ordinaten von Abb. 22a erhalten wir $JE\left(\dfrac{T_I}{2\pi}\right)^2$. Die Abweichungen in den Werten für diesen Ausdruck an den 3 Stellen $m_1$, $m_2$, $m_3$ rühren von Schätzungsfehlern bei der Aufzeichnung von Abb. 22a her. Aus $JE\left(\dfrac{T_I}{2\pi}\right)^2$ läßt sich aber $T_I$ berechnen, da die Größen von $J$ und $E$ bekannt sind.

Für die in Abb. 22 eingetragenen Zahlenwerte haben wir die Rechnung in diesem Sinne zu Ende geführt und sind auf eine Eigenschwingungszahl $u_I = 5200\,\dfrac{1}{\min}$ gekommen. Eine Korrektur vorzunehmen wäre, wie gewöhnlich in praktischen Fällen, überflüssig gewesen, da die erste Annäherung schon längst innerhalb der durch die Annahmen hereingebrachten Fehlerquellen genau genug das Ergebnis liefert.

### § 15. Fortsetzung für Wellen mit veränderlichem Durchmesser.

Die in der Praxis auftretenden Wellen sind im allgemeinen abgesetzt, und zwar so, daß sich der Durchmesser sprungweise ändert. Um die Überlegungen des vorausgehenden Paragraphen auch für diesen Fall anwendbar zu machen, werden wir in ähnlicher Weise wie bei den geradlinigen Schwingungen von Massen zwischen Federn (§ 9) oder bei den Drehschwingungen (§ 12) versuchen, ein Wellenstück vom Durchmesser $d$ und von der Länge $l$ so durch ein Wellenstück $d_{\text{bez.}}$ und $l_{\text{bez.}}$ zu ersetzen, daß die Beziehungen zwischen Kraft und Verbiegung für die tatsächliche und die bezogene Welle gleich sind. Nach der Festigkeitslehre besteht zwischen Durchbiegung $f$, Kraft $P$, Elastizitätsmodul $E$, axialem Trägheitsmoment des Querschnitts $J_a$ und Länge $l$ folgende Beziehung:

71.
$$f = \varkappa \frac{P l^3}{E J},$$

wobei der Wert von $\varkappa$ von den besonderen Auflagebedingungen abhängt. Gleichung 71 zeigt uns, daß 2 Wellen, die den gleichen äußeren Verhältnissen ($\varkappa$, $P$, $E$) ausgesetzt sind, gleiche Durchbiegung haben, wenn der Wert von $\dfrac{l^3}{J}$ für beide der gleiche ist.

Bei den Biegungsschwingungen läßt sich aber die Aufgabe mit der Bezugsgleichung 71 nicht lösen, da es nicht nur auf die im Querschnitt übertragenen Kräfte, sondern auch auf die Momente ankommt, und da die letzteren von den Wellenlängen abhängen. Es muß deshalb hier die Veränderlichkeit des Wellendurchmessers bei der Durchführung der Aufgabe selbst berücksichtigt werden.

Bis Gleichung 70 können wir die Überlegungen des vorigen Paragraphen ohne Änderung übernehmen. Auch die Aufzeichnung der Abb. 22a und b erfährt keine Änderung; wir werden nur die zugehörigen Wellendurchmesser (oder besser die Trägheitsmomente) in Abb. 22a eintragen und bei der Abschätzung der Durchbiegungen die Trägheitsmomente nach Möglichkeit berücksichtigen.

Sobald wir aber aus Abb. 22b den folgenden Kurvenzug durch Integration ermitteln, ist zu beachten, daß $J$ nicht mehr unveränderlich, sondern eine Funktion von $x$ ist. Wir werden deshalb eine neue Abb. 22b' zwischenzuschieben haben, die wir erhalten, wenn wir die Ordinaten in Abb. 22b durch das an jeder Stelle bekannte $J$ teilen. Die Ordinaten in Abb. 22b' würden nach Gleichung 67 dann also $E \cdot \left(\dfrac{T_I}{2\pi}\right)^2 \cdot \dfrac{d^3 u}{d x^3} = \dfrac{1}{J} \sum m_n u_n$ darstellen. Die weiteren Integrationen gemäß Abb. 22c—e sind in gleicher Weise wie im vorausgehenden Paragraphen durchzuführen. Abb. 22e liefert $E \cdot \left(\dfrac{T_I}{2\pi}\right)^2 u$, und daraus kann durch Vergleich mit den Ordinaten der Abb. 22a der Wert $T_I$ ermittelt werden.

**§ 16. Einspannung an beiden Enden.** In der Praxis werden Wellen, trotzdem sie in längeren Lagerschalen an den Enden festgehalten sind, nicht als „eingespannt" angesehen, da sehr große Kräfte dazu gehören würden, um eine wagerechte Tangente an die elastische Linie an der Auflagerstelle zu erzwingen. Man nimmt deshalb in der Regel keinerlei Einspannung an und berechnet die Eigenschwingungszahl nach den Ausführungen in § 14. In besonderen Fällen aber interessiert zu wissen, wie groß der Einfluß einer Einspannung auf die Schwingungszahl ist; wir wollen uns deshalb auch mit dem anderen Grenzfall, nämlich dem der beiderseits vollkommen eingespannten Welle, befassen.

Wir behandeln die Aufgabe in gleicher Weise wie die in § 14 gestellte. Bei der schätzungsweisen Auftragung der elastischen Linie (Abb. 22a) beachten wir, daß die elastische Linie an den beiden Enden eine wagerechte Tangente hat. Aus Abb. 22a folgt durch einmalige Integration Abb. 22b und durch nochmalige Integration Abb. 22c. Die letztere Abbildung stellt die Abhängigkeit des Momentes $M$ von der Koordinate $x$ dar. Bei der nicht eingespannten Welle wissen wir, daß das Moment an den Enden verschwindet; wir konnten mit dieser Überlegung die Lage der Koordinaten-Nullinie angeben. Bei der eingespannten Welle wird an den Enden ein Einspannmoment von unbekannter Größe übertragen. Um die Koordinaten-Nullinie in Abb. 22c einzutragen, müssen wir deshalb auf Abb. 22d vorgreifen. Diese Abbildung stellt die Tangente $\frac{du_0}{dx}$ an die elastische Linie in Abhängigkeit von $x$ dar. Wir wissen, daß $\frac{du_0}{dx}$ für $x = 0$ und $x = l$ verschwindet. Da aber die Kurve Abb. 22d zugleich das Integral aus dem Kurvenzug Abb. 22c oder gleich $\int_0^l \frac{d^2 u_0}{dx^2} \cdot dx$ ist, folgt, daß oberhalb und unterhalb der Koordinaten-Nullinie in Abb. 22c gleich große Flächenstücke liegen müssen. Oder die Koordinaten-Nullinie des Kurvenzuges Abb. 22c teilt die Fläche in 2 Teile von gleichem Inhalt. Der weitere Gang der Rechnung unterscheidet sich nicht vom Rechnungsgang der frei aufliegenden Welle.

# III. Wellenbewegungen.

Unter einer Wellenbewegung wollen wir die Schwingung einer Anordnung verstehen, die aus beliebig vielen, untereinander gleichen Einzelanordnungen besteht und bei der der Abstand zwischen zwei benachbarten Schwungmassen beliebig klein ist. Statt Wellenbewegungen hätten wir die Überschrift des Kapitels auch „Unendlichvielgliedrige Schwingungsanordnungen" nennen können.

### § 17. Gradlinige Schwingung von Massen zwischen Federn.
Wir nehmen an, es seien sehr viele unter sich gleiche Einzelmassen von geringer Größe zwischen kleinen Federn gehalten; wir stellen uns also eine Anordnung nach Abb. 23 vor. Die gesamte Länge der Anordnung mag $l$ cm betragen. Den Koordinaten-

ursprung $O$ lassen wir mit dem einen Ende unseres Systems zusammenfallen. Die Koordinate $x_n$ gibt den Abstand der Masse $m_n$ von $O$ an, wenn alle Federn spannungsfrei sind. Die Auslenkung der Masse $m_n$ aus der Ruhelage des Systems zu einem bestimmten Augenblick bezeichnen wir mit $\xi_n$. Die Änderung von $x$ bedeutet also von einer Masse zur anderen gehen, während die Änderung von $\xi$ gleichbedeutend mit der Änderung des Schwingungsausschlages ist. $\xi$ ist mit $x$ und mit $t$ veränderlich.

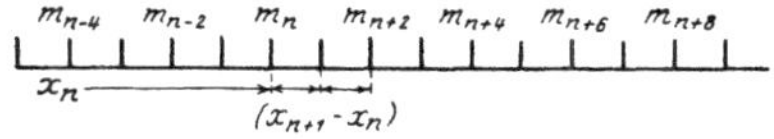

Abb. 23. Viele gleichartige Massen zwischen gleichartigen Federn.

Unter der Anordnung Abb. 23 können wir uns z. B. einen Stab vorstellen, dessen Massenteilchen Schwingungen in der Richtung der Stabachse ausführen. $m_n$ ist dann die Masse der Moleküle, die im Querschnitt an der Stelle $x_n$ liegen und statt der Federkräfte treten die Molekularkräfte auf. Wir behandeln also die Aufgabe, die longitudinale Eigenschwingung eines Körpers zu berechnen.

Auf Grund der Überlegungen des vorausgehenden Kapitels stellen wir zuerst die Zahl der Freiheitsgrade — oder die Zahl der Konstanten in der Lösung unserer Aufgabe — fest: Zu einer bestimmten Zeit $t$ kann für jede Masse eine Lage $\xi$ und eine Geschwindigkeit $\dfrac{d\xi}{dt}$ vorgeschrieben werden. Das gibt für jede Masse 2 Konstante oder $\infty^2$ Möglichkeiten. Da unser Stab aber unendlich viele Massen hat, haben wir $2 \cdot \infty$ Konstanten zu erwarten. Eine derartige Menge Konstanten hat aber nur die Lösung einer partiellen Differentialgleichung. Die allgemeinste Bewegung wird demnach durch eine partielle Differentialgleichung beschrieben werden, die wir zuerst ermitteln wollen.

Die Masse, die zwischen den Querschnitten an den Stellen $x$ und $x + dx$ eingeschlossen wird, nennen wir $\mu \cdot f \cdot dx$, wobei $f$ die Querschnittsfläche ist. Im Querschnitt $x$ wirken die Spannungen $\sigma$, die die resultierende Kraft $\sigma \cdot f$ ergeben. Im Querschnitt $x + dx$ wirkt in entgegengesetzter Richtung $\left(\sigma + \dfrac{\partial \sigma}{\partial x} \cdot dx\right) f$; oder die resultierende Kraft auf die Masse $\mu \cdot f \cdot dx$ ist $f \dfrac{\partial \sigma}{\partial x} \cdot dx$.

Nach einer bekannten Formel der Festigkeitslehre ist aber $\sigma = \varepsilon E$, wobei $\varepsilon$ die bezogene Längenänderung des Elements und $E$ der Elastizitätsmodul ist. $\varepsilon$ können wir aber aus der

Verschiebung $\xi$ ermitteln. Zu diesem Zweck ist in Abb. 24 die Lage des Elements $f \cdot dx$ zur Zeit $t$ gestrichelt eingezeichnet: die Verschiebung der beiden Querschnitte ist mit $\xi_x$ und $\xi_{x+dx}$ $= \xi_x + \dfrac{\partial \xi_x}{\partial x} \cdot dx$ bezeichnet. Die Änderung des Abstandes der beiden Querschnitte zur Zeit $t$ im Verhältnis zur ursprünglichen Länge ergibt sich demnach zu $\dfrac{\partial \xi}{\partial x} \cdot dx : dx = \dfrac{\partial \xi}{\partial x} = \dfrac{\varDelta\, dx}{dx} = \varepsilon$.

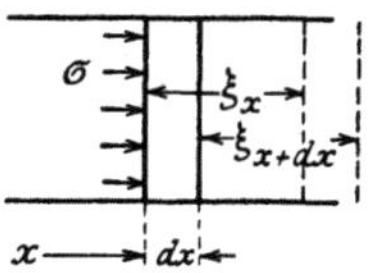

Abb. 24.

Die dynamische Grundgleichung läßt sich wie folgt anschreiben:

1. $\mu \cdot f \cdot dx \cdot \dfrac{\partial^2 \xi}{\partial t^2} = f \dfrac{\partial \sigma}{\partial x} \cdot dx = f \cdot E \cdot \dfrac{\partial \varepsilon}{\partial x} \cdot dx = f \cdot E \cdot \dfrac{\partial^2 \xi}{\partial x^2} \cdot dx$

$\mu \cdot \dfrac{\partial^2 \xi}{\partial t^2} = E \dfrac{\partial^2 \xi}{\partial x^2}$.

Die Größe $f$ des Querschnitts hat sich herausgehoben; auf sie kommt es bei der Ermittlung des Schwingungsvorgangs nicht an.

Bei der Aufstellung der Gleichung 1 ist der Einfluß der Zusammendrückung auf die Größe der Masse nicht berücksichtigt. Es ist also angenommen, daß die Dichte auf die Längeneinheit unabhängig von $\xi$ sein soll. Diese Annahme konnte ohne weiteres gemacht werden, da einerseits $\dfrac{d \xi}{d x} \cdot dx$ in praktischen Fällen nur klein gegen $dx$ sein wird und da andererseits auch $\sigma$ von der Dichte oder damit auch von $\xi$ abhängt, was ebenfalls vernachlässigt ist. Es kann angenommen werden, daß sich beide Vernachlässigungen gegeneinander aufheben oder so gering sind, daß sie keine praktische Bedeutung haben.

Die Gleichung 1 hat, wie jede partielle Differentialgleichung, eine Lösung mit unendlich vielen Konstanten. Wir übersehen sofort, daß das bei der Schwingungsanordnung nach Abb. 23 auch der Fall sein muß, da die Anordnung aus unendlich vielen Massen besteht, so daß wir nach den Überlegungen des vorausgehenden Kapitels Schwingungen von unendlich vielen Ordnungen zu erwarten haben. Um die Augenblickslage zu beschreiben, muß dann noch der Wert des größeren Ausschlages jeder Schwingungsordnung und der Phasenwinkel zur Zeit $t$ angegeben werden. Es sind also $\infty$ viele verschiedene Augenblicksbilder möglich. Von den unendlich vielen Schwingungsanordnungen wird wieder vor allem die mit den längsten Schwingungsdauer, also die von der 1. Ordnung, das größte Interesse haben.

## § 18. Die stehende Schwingung.

**§ 18. Die stehende Schwingung.** Nach den Ausführungen des vorausgehenden Kapitels wäre es leicht, angenähert die Dauer der Longitudinalschwingung 1. Ordnung zu berechnen. Da man beim Probieren nicht unendlich viele Glieder berücksichtigen kann, wird man zweckmäßig mehrere Moleküle zu einer Masse zusammenfassen und für diesen Fall die Lösung suchen. Der gleichmäßige Aufbau der Schwingungsanordnung ermöglicht es uns aber, hier unmittelbar eine Lösung für die Gleichung 1 anzugeben, die der Schwingung 1. Ordnung entspricht:

2.  $$\xi = \xi_0 \cdot \sin\frac{x\pi}{2l} \sin\left(t\sqrt{\frac{E}{\mu}}\frac{\pi}{2l}\right).$$

Das ist eine Lösung der Gleichung 1; denn:

3.  $$\frac{\partial^2 \xi}{\partial t^2} = -\xi_0 \sin\left(\frac{x\pi}{2l}\right) \cdot \frac{E}{\mu}\left(\frac{\pi}{2l}\right)^2 \cdot \sin\left(t\sqrt{\frac{E}{\mu}}\frac{\pi}{2l}\right)$$

$$\frac{\partial^2 \xi}{\partial x^2} = -\xi_0 \left(\frac{\pi}{2l}\right)^2 \sin\left(\frac{x\pi}{2l}\right)\sin\left(t\sqrt{\frac{E}{\mu}}\frac{\pi}{2l}\right)$$

und diese beiden Werte befriedigen die Gleichung 1. Wir haben aber außerdem auch noch zu zeigen, daß die Grenzbedingungen für eine Anordnung nach Abb. 25 befriedigt sind. An der Einspannstelle, d. h. für $x = 0$, ist $\xi = 0$, was auch durch Einsetzen von $x = 0$ in Gleichung 2 erhalten wird. Und am anderen Ende, d. h. für $x = l$, ist keine Spannung $\sigma$ und damit keine

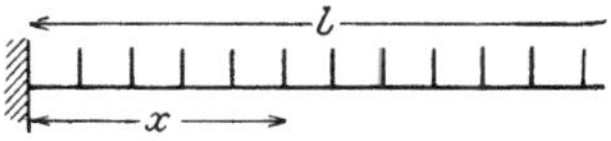

Abb. 25. Longitudinal- oder Druckschwingung bei festgehaltenem einen Ende.

Dehnung $\varepsilon = \dfrac{\partial \xi}{\partial x}$ vorhanden. Durch einmaliges Differenzieren von Gleichung 3 erhalten wir aber $\dfrac{\partial \xi}{\partial x} = \xi_0 \dfrac{\pi}{2l} \cos\dfrac{x\pi}{2l} \sin t \sqrt{\dfrac{E}{\mu}}\dfrac{\pi}{2l}$.

Wenn man hier für $x = l$ einsetzt, erhält man tatsächlich $\dfrac{\partial \xi}{\partial x} = 0$.

Hätten wir andere Grenzbedingungen, so müßte die Gleichung 2 entsprechend umgeformt werden, ohne daß dabei der Aufbau geändert würde. So hat z. B. eine Schwingungsanordnung, die nach beiden Enden frei ausschwingen kann, eine Lösung von der gleichen Form wie Gleichung 2, wenn man den Koordinatenursprung mit der Mitte der Schwingungsanordnung zusammenfallen läßt.

Auch die Schwingungen von der höheren Ordnung lassen sich jetzt sofort angeben. Es muß eine Lösung von der Art der Gleichung 2 angegeben werden, die den Grenzbedingungen genügt. Das ist aber z. B. für die Schwingung von der $n^{\text{ten}}$ Ordnung für eine Anordnung nach Abb. 25:

4. $$\xi = \xi_0 \sin\left(\frac{n x \pi}{2 l}\right) \sin\left(t \sqrt{\frac{E}{\mu}} \frac{n \pi}{2 l}\right).$$

Die Schwingungsdauer $T$ ist, wie früher, der Wert, um den $t$ anwachsen muß, damit der Ausdruck unter dem Sinus um $2\pi$ zunimmt:

5. $$T \sqrt{\frac{E}{\mu}} \frac{n \pi}{2 l} = 2\pi; \qquad T = \frac{4 l}{n} \sqrt{\frac{\mu}{E}}{}^{1)}.$$

An den Stellen $\dfrac{n x \pi}{2 l} = 0, \pi, 2\pi, 3\pi, 4\pi \ldots$ bleibt der Ausschlag dauernd Null. Man nennt sie die Knoten der Schwingung, während an den Stellen $\dfrac{n x \pi}{2 l} = \dfrac{\pi}{2}, \dfrac{3\pi}{2}, \dfrac{5\pi}{2} \ldots$ (Schwingungsbäuche) die Ausschläge zeitweise bis auf den Größtwert $\xi_0$ anwachsen. Wenn $\dfrac{n x \pi}{2 l}$ um $2\pi$ anwächst, wiederholt sich das Schwingungsbild; man schreibt deshalb:

6. $$\frac{n \lambda \pi}{2 l} = 2\pi, \qquad \lambda = \frac{4 l}{n},$$

und nennt $\lambda$ die Wellenlänge. Für die Schwingung 1. Ordnung des an einem Ende eingespannten Stabes ist also die Wellenlänge gleich 4 mal der Stablänge. Bei den Schwingungen höherer Ordnung ist die gesamte Stablänge in mehrere $\left(\dfrac{n}{4}\right)$ Wellenlängen unterteilt.

Nach den Gleichungen 5 und 6 ist

7. $$\frac{\lambda}{T} = \sqrt{\frac{E}{\mu}},$$

also ein von der Ordnungsnummer der Schwingung unabhängiger Wert.

---

[1]) Wenn man auf die Querkontraktion, die bei der Formänderung von Materialen auftritt, Rücksicht nimmt, ist $T = \dfrac{4 l}{n} \sqrt{\dfrac{\mu}{2 G}} \dfrac{m-2}{m-1}$, wobei $G$ der Schubmodul und $m$ die Poissonsche Konstante ist. Wir vernachlässigen die Querkontraktion im Nachfolgenden oder wir nehmen $m = \infty$ an; damit geht die angegebene Gleichung in die obige Form über.

**§ 19. Schwingungen von sehr kleiner Wellenlänge.** Die Ausführungen des vorausgehenden Paragraphen erfahren eine Einschränkung, wenn die Wellenlänge von der Größenordnung des Molekülabstandes wird. In diesem Falle wird die Differentialbetrachtung ungültig, weil wir dann beim Übergang vom einen zum nächsten Molekül den Ausschlag $\xi$ sprungweise ändern. So schwingen z. B. bei der Anordnung nach Abb. 26 je 2 benachbarte Moleküle gegeneinander. Der Abstand zwischen 2 benachbarten Knotenpunkten $K$ ist $\Delta x$, und die Wellenlänge $\lambda$ beträgt $2\Delta x$. Das

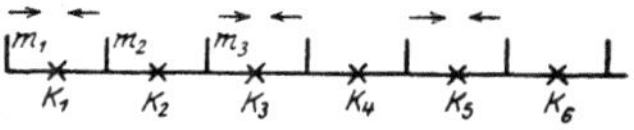

Abb. 26. Schwingung höchster Ordnung.

ist die Schwingung von der höchsten Ordnung. Die Schwingungsdauer ist die gleiche wie die der Einzelanordnung 27, da sich die Anordnung 26 in den Feder- und Massenknotenpunkten in Anordnungen nach 27 aufschneiden läßt. Nach Gleichung 41 des vorigen Kapitels ist die Schwingungsdauer für die Anordnung Abb. 27:

8. $$T_{1m} = 2\pi \sqrt{\frac{m \Delta x}{4 c_0}}.$$

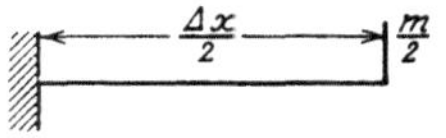

Abb. 27. Ein Element der Schwingung höchster Ordnung.

In dieser Gleichung ist $\Delta x$ der Abstand zwischen zwei benachbarten Massen — also der mittlere Abstand zweier Moleküle. $m$ ist die Masse eines Massenpunktes oder gleich $\mu \cdot f \cdot \Delta x$, wenn mit $\mu$ die bezogene Masse und mit $f$ der Querschnitt durch die Schwingungsanordnung bezeichnet ist. Die Elastizitätszahl $c_0$ ist nach früheren Ausführungen das Tausendfache der Kraft, die die Feder von der Länge 1 bei der Zusammendrückung um $\frac{1}{1000}$ ihrer Länge auslöst. Das ist aber die gleiche Definition, die dem Elastizitätsmodul $E$ zukommt, wenn wir berücksichtigen, daß sich $c_0$ auf einen Querschnitt von $f$ Einheiten und $E$ auf die Querschnittsfläche 1 bezieht. Es ist also $c_0 = fE$. Gleichung 8 läßt sich demnach umformen zu:

9. $$T_{1m} = 2\pi \sqrt{\frac{\mu f \Delta x^2}{4 f E}} = \pi \Delta x \sqrt{\frac{\mu}{E}}.$$

Die Wellenlänge $\lambda$ ist aber hier $2 \Delta x$ und folglich:

10. $$\left(\frac{\lambda}{T}\right)_{1m} = \frac{2}{\pi}\sqrt{\frac{E}{\mu}} = v_{1m} = 0{,}636 \sqrt{\frac{E}{\mu}}.$$

Den Ausdruck $\frac{\lambda}{T}$ nennen wir die Fortpflanzungsgeschwindigkeit der Welle. Der Name hat eigentlich erst Berechtigung, wenn man von fortlaufenden Wellen (§ 28) redet. Hier können wir zu seiner Begründung nur anführen, daß $\frac{\lambda}{T}$ der Dimension nach eine Geschwindigkeit ist. Der Vergleich der Formeln 7 und 10 zeigt uns, daß die Fortpflanzungsgeschwindigkeit $v$ für Wellen von der höchsten Ordnung ($\gamma$) nur $\frac{2}{\pi}$ mal so groß ist wie für Wellen, deren Wellenlänge $\lambda$ groß ist gegen den Molekülabstand $\Delta x$.

Wir betrachten nun die Welle, bei der je 2 Massen zu einem Knotenpunkt gehören $\left(\text{d. i. die Welle von der Ordnung } \frac{\gamma}{2}\right)$. Wohin wir uns die Knotenpunkte $k$ gelegt denken — ob wir sie z. B. je zwischen 2 Massen (Abb. 28, Stelle $K'_1$) oder ob wir sie mit je zwei übereinanderfolgenden Massen zusammenfallend denken, ist für die Lösung der Aufgabe gleichgültig. (Die Lage der Knotenpunkte ist durch die Grenzbedingungen gegeben.)

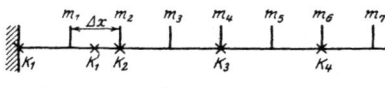

Abb. 28. Schwingung von der Ordnung $\frac{\gamma}{2}$.

Die Anordnung Abb. 28 ist die gleiche wie die der Abb. 26, nur daß der Abstand zwischen zwei schwingenden Massen in Abb. 28 doppelt so groß ist wie in Abb. 26. Die Schwingungsdauer $T_{2m}$ ist deshalb nach Gleichung 8 $\sqrt{2}$ mal so groß und die Wellenlänge $\lambda$ doppelt so groß wie dort. Es ist deshalb:

11. $\quad \left(\dfrac{\lambda}{T}\right)_{2m} = v_{2m} = \dfrac{2}{\pi}\sqrt{\dfrac{E}{\mu}} \cdot \dfrac{2}{\sqrt{2}} = \dfrac{2\sqrt{2}}{\pi}\sqrt{\dfrac{E}{\mu}} = 0{,}900 \sqrt{\dfrac{E}{\mu}}.$

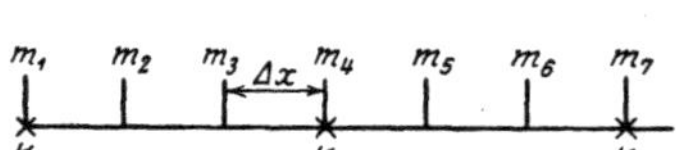

Abb. 29. Schwingung von der Ordnung $\frac{\gamma}{3}$.

Für die Welle von $\left(\dfrac{\gamma}{3}\right)^{\text{ten}}$ Ordnung können wir uns die Knoten mit den Massen $m_1, m_4, m_7 \ldots$ zusammenfallend denken (Abb. 29). Dann haben wir wieder Anordnungen nach Abb. 27, wobei jetzt eine volle Masse $m$ zu einer Federlänge $\Delta x$ gehört. Die Schwingungsdauer $T_{3m}$ ist deshalb:

12. $\quad T_{3m} = 2\pi \sqrt{\dfrac{m\,\Delta x}{c_0}}.$

Die Wellenlänge $\lambda_{3m}$ ist $6\Delta x$ und folglich:

13. $$\left(\frac{\lambda}{T}\right)_{3m} = \nu_{3m} = \frac{3}{\pi}\sqrt{\frac{E}{\mu}} = 0{,}955\sqrt{\frac{E}{\mu}}\,.$$

Zwischen der Schwingung von der $\gamma^{\text{ten}}$ und von der $\left(\frac{\gamma}{2}\right)^{\text{ten}}$ Ordnung [ebenso zwischen der von der $\left(\frac{\gamma}{2}\right)^{\text{ten}}$ und $\left(\frac{\gamma}{3}\right)^{\text{ten}}$ Ordnung usw.] liegen bei beliebig kleinem Massenabstand $\Delta x$ beliebig viele Zwischenwerte. Wir können deshalb in einer Kurve die Abhängigkeit zwischen $\nu\sqrt{\frac{\mu}{E}}$ und $\lambda$ darstellen (Abb. 30). Die Kurve nähert sich asymptotisch dem Werte $\nu\sqrt{\frac{\mu}{E}} = 1$. Sobald die Wellenlänge ein mehrfaches Vielfaches von $\Delta x$ wird, ist der Wert von $\nu\sqrt{\frac{\mu}{E}}$ unabhängig von $\lambda$.

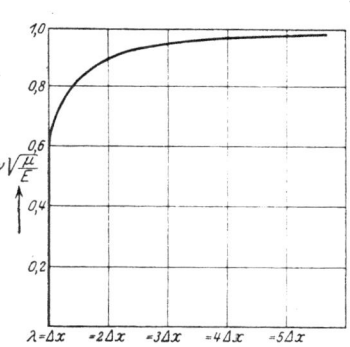

Abb. 30. Abhängigkeit der Fortpflanzungsgeschwindigkeit von der Wellenlänge bei sehr kleinen Wellenlängen.

Da nur Wellen, deren $\lambda$ groß ist gegen $\Delta x$, in der Praxis Bedeutung haben, sagt man auch allgemein, $\frac{\lambda}{T}$ sei unabhängig von $\lambda$, was nur mit der aus Abb. 30 ersichtlichen Einschränkung gültig ist.

**§ 20. Die Saitenschwingung.** Bei einem gespannten Seil — oder einer Saite — schwingt die Saitenmasse unter dem Einfluß der Kraft, die bei der Auslenkung entsteht. Wir nehmen an, die Saite sei durch die Kraft $P$ gespannt. Dann wird im Querschnitt $x$ ebenso wie im Querschnitt $x + dx$ die Kraft $P$ übertragen. Bei der Auslenkung stehen aber die beiden Querschnitte etwas schief zueinander, da die Querschnitte $x$ und die Koordinaten $\xi$ nicht linear einander zugeordnet sind. Die Kräfte $P$ in den beiden Querschnitten schneiden sich also unter dem Winkel $d\alpha$, wobei unter der Voraussetzung, daß $\xi$ überall klein gegen $x$ ist, nach einer bekannten Formel für die Krümmung auch geschrieben werden kann:

14. $$d\alpha = \frac{\partial^2 \xi}{\partial x^2}\cdot dx\,.$$

Die beiden Kräfte $P$ haben aber die Resultierende $P \cdot d\alpha$, die bei kleiner Auslenkung $\xi$ in Richtung von $\xi$ wirkt und der Masse des Saitenelementes $\mu \cdot dx \cdot f$ eine Kraft erteilt, die bei positivem $\dfrac{\partial^2 \xi}{\partial x^2}$ auf eine Vergrößerung von $\xi$ hinwirkt. $f$ ist dabei der Querschnitt der Saite.

15.
$$P\, d\alpha = \mu \cdot dx \cdot f \cdot \frac{\partial^2 \xi}{\partial t^2}$$
$$P \frac{\partial^2 \xi}{\partial x^2} = \mu f \frac{\partial^2 \xi}{\partial t^2}.$$

Dieselbe partielle Differentialgleichung ist uns schon als Gleichung 1 begegnet. Wir haben ja jetzt auch physikalisch denselben Fall wie damals: Auf eine Masse, die verhältnisgleich $dx$ ist, wirken in den beiden Querschnitten Kräfte, die in erster Annäherung einander gleich und entgegengesetzt gerichtet sind. Der kleine Unterschied der beiden Kräfte in den Querschnitten, der einmal von einem Zuwachs in der Größe der Kraft, das andere Mal von einer Änderung der Richtung herrührt, ist verhältnisgleich $\dfrac{\partial^2 \xi}{\partial x^2}$, also verhältnisgleich der 2. Ableitung der Auslenkung nach der Zeit.

Statt des Elastizitätsmoduls $E$ in Gleichung 1 tritt $\dfrac{P}{f} = \sigma$ = bezogene Spannung in Gleichung 15 auf. $E$ ist aber nach Definition auch eine Spannung: Es ist die Spannung, die nötig

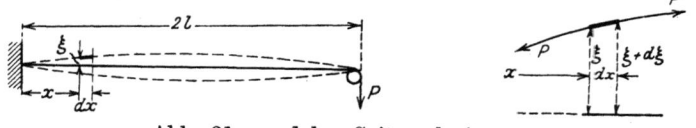

Abb. 31a und b. Saitenschwingung.

ist, um einen Körper auf das Doppelte seiner ursprünglichen Länge zu recken. Wenn demnach eine Saite auf das Doppelte ihrer ursprünglichen Länge gereckt wird — außer Gummi wird kaum ein Material eine olche Reckung vertragen, ohne daß die Elastizitätsgrenze überschritten würde —, so hat die Saitenschwingung die gleiche Schwingungsdauer wie die Longitudinalschwingung. Ebenso ist es mit allen Oberschwingungen, die sich paarweise entsprechen.

Aber auch wenn die Saite nicht so stark gespannt wird, daß $\sigma = E$ ist, kann aus Gleichung 5 die Schwingungsdauer $T$ berechnet werden, wenn in ihr $E$ durch $\sigma$ ersetzt wird:

16. $$T = \frac{4\,l}{n}\sqrt{\frac{\mu}{\sigma}}.$$

Die Grenzbedingung ist hier dadurch gegeben, daß beide Enden festgehalten werden. Die schwingende Saite beschreibt nach beiden Seiten hin symmetrische Bewegungskurven. Um die Analogie mit dem an einem Ende festgehaltenen und in Längsrichtung schwingenden Stab herzustellen, ist die gesamte Länge der Saite in Abb. 31a mit $2\,l$ bezeichnet.

Bei der Schwingung 1. Ordnung ist nur eine halbe Wellenlänge $\lambda$ vorhanden, oder $\lambda = 4\,l$. Um die Schwingungsdauer $T_1$ 1. Ordnung zu erhalten, muß man $n$ in Gleichung 16 gleich 1 setzen. Die Schwingungsdauern der höheren Ordnungen erhält man, wenn man $n = 2, 3, 4 \ldots$ setzt. Gebrochene Zahlen dürfen für $n$ nicht eingesetzt werden, da sonst Gleichung 4 nicht den Grenzbedingungen ($\xi = 0$ für $x = 0$ und $x = 2\,l$) genügen würde.

Wir sehen also, daß wir die Untersuchungen für die schwingende Saite in den vorausgehenden Paragraphen schon mit gelöst haben. Wir können deshalb auch die schwingende Saite durch Abb. 23 wiedergeben, an der sich die Betrachtung in manchen Fällen leichter durchführen läßt.

**§ 21. Die schwingende Saite mit einer Einzellast in der Mitte.**
In vielen Fällen wird nach der Schwingungsdauer eines gespannten Seiles gefragt, das eine Einzellast $G$ trägt. Wir wollen annehmen, daß $G$ gerade in der Mitte hängen möge (Abb. 32 und 33). Die Aufgabe liegt z. B. vor, wenn die Schwingungsdauer des Draht-

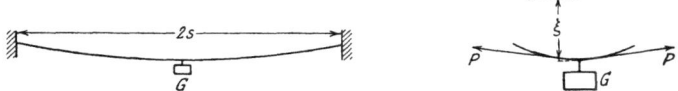

Abb. 32 und 33. Schwingung der Saite mit Gewicht.

seiles einer Drahtseilbahn mit aufsitzendem Wagen berechnet werden soll. Wir nehmen an, daß die Vorspannung $P$ des Seiles so stark sein möge, daß die Spannungsvermehrung durch das Gewicht $G$ dagegen vernachlässigt werden kann. (Wie weit diese Annahme im einzelnen Fall berechtigt ist, muß besonders untersucht werden.)

Es interessiert hier nur die Schwingung 1. Ordnung, für die die Grenzbedingungen lauten: $\xi = 0$ für $x = 0$ und für $x = 2\,s$.

Zwischen beiden Werten soll $\xi$ nicht dauernd Null sein. Bis zu der Stelle, an der $G$ angreift (also von $x = 0$ bis $x = s$, wenn wir uns $G$ als Massenpunkt vorstellen), wird die Bewegung des Drahtseiles durch die Differentialgleichung 1 mit der allgemeinen Lösung 4 beschrieben. Auf $G$ muß eine von den beiden Seilstücken herrührende Kraft übertragen werden, die $G$ in Schwingungen von gleichem Ausschlag und gleicher Schwingungsdauer versetzt wie die beiderseits anstoßenden Seilstücke. Die beiden Seilstücke kommen aber in $G$ unter dem Winkel $2\left(\dfrac{\partial \xi}{\partial x}\right)_{x=s}$ zusammen, wenn wir $\xi$ als klein gegen $x$ voraussetzen, so daß statt des Winkels die Tangente gesetzt werden kann. Die resultierende Kraft $P_G$, die $G$ beschleunigt, ist demnach unter Berücksichtigung von Gleichung 4:

17. $\quad P_G = P \cdot 2\left(\dfrac{\partial \xi}{\partial x}\right)_{x=s} = P\dfrac{\pi}{l}\xi_0 \cos\left(\dfrac{s\pi}{2l}\right) \sin\left(t\sqrt{\dfrac{\sigma}{\mu}}\dfrac{\pi}{2l}\right)$

$\quad\quad = P_{Gmx} \cdot \sin \varkappa t,$

wobei

$$P_{Gmx} = P\dfrac{\pi}{l}\xi_0 \cos\dfrac{s\pi}{2l} \quad \text{und} \quad \varkappa = \sqrt{\dfrac{\sigma}{\mu}}\dfrac{\pi}{2l}.$$

$n$ haben wir bei der Übernahme der Gleichung 4 gleich 1 gesetzt, da wir die Schwingung 1. Ordnung haben wollen. Wir beachten, daß mit $l$ in Gleichung 4 die Länge vom Schwingungsbauch bis Schwingungsknoten oder ein Viertel einer Wellenlänge $\lambda$ bezeichnet ist. $s$ ist aber kleiner als $l$, da das Seil an der Stelle $x = s$ noch keine wagerechte Tangente hat. Von der gesamten halben Länge $l$ des Drahtseiles, dessen Schwingungsdauer wir jetzt berechnen, ist also im vorliegenden Fall nur ein Teil $s$ vorhanden. Dieser Teil führt die gleiche Schwingung aus, als wenn er ein Teil des gesamten Drahtseils von der Länge $2l$ wäre. Das Reststück $l-s$ bis zur Mitte ist durch das aufgesetzte Gewicht $G$ versetzt, das jeder Seite zur Hälfte zur Last fällt.

$\xi_0$ war in Gleichung 4 der größte Ausschlag, der am Schwingungsbauch der Saite (also an der Stelle $x = l$) erreicht wird. Da der Schwingungsbauch hier für die Seilschwingung nicht in die Erscheinung tritt — es fehlt ja das mittlere Stück $l-s$ des Seiles —, ist $\xi_0$ nur eine Rechengröße.

Die Schwingungsdauer für die Seilschwingung ist nach Gleichung 16:

18. $\quad\quad\quad T_s = 4l\sqrt{\dfrac{\mu}{\sigma}} = 4l\sqrt{\dfrac{\mu \cdot f}{P}}.$

Die schwingende Saite mit einer Einzellast in der Mitte.

Gleiche Dauer muß aber die Schwingung des Gewichts $G$ haben, die unter dem Einfluß der periodischen Kraft $P_G$ zustande kommt.

Nennen wir $\xi_{Gmx}$ den größten Ausschlag, den $G$ ausführt, so ist $\dfrac{P_{Gmx}}{\xi_{Gmx}} = c$ die Intensität des Kraftfeldes, das auf $G$ einwirkt. $c \cdot \xi_G$ ist die Größe der periodischen Kraft, die $G$ in Schwingungen versetzt. Wir haben für diesen Teil wieder eine Schwingungsanordnung nach Abb. 1, mit dem Unterschiede, daß die periodische Federkraft $f = c\,\xi$ durch die periodische Kraft $c\,\xi_G$ ersetzt ist. Die Schwingungsdauer $T_G$ ist nach Gleichung 9 des 1. Kapitels:

19. $$T_G = 2\pi\sqrt{\dfrac{G}{g\cdot c}} = 2\pi\sqrt{\dfrac{G}{g}}\sqrt{\dfrac{\xi_{Gmx}}{P_{Gmx}}}.$$

Wir haben noch die Beziehung zwischen $\xi_0$ und $\xi_{Gmx}$ anzugeben. $\xi_0$ ist der größte Ausschlag des fingierten Seiles von der Länge $2\,l$ und der Spannkraft $P$. $\xi_0$ tritt in der Mitte, also an der Stelle $x = l$ auf. An einer beliebigen Stelle $x$ erhält man nach Gleichung 2 den zeitlich größten Ausschlag $\xi_{mx}$, wenn man $\sin\left(t\sqrt{\dfrac{\sigma}{\mu}}\dfrac{\pi}{2\,l}\right)$ gleich 1 setzt: $\xi_{mx} = \xi_0 \cdot \sin\dfrac{x\,\pi}{2\,l}$. Die Abhängigkeit zwischen $x$ und $\xi$ ist eine sinusförmige ohne zwischenliegenden Knoten. An der Stelle $x = s$ ist also:

20. $$(\xi_{mx})_{x=s} = \xi_{Gmx} = \xi_0 \sin\dfrac{s\,\pi}{2\,l}.$$

Beachten wir noch, daß die Schwingungsdauer des Gewichtes und des Seiles gleich groß sind — also $T_G = T_s$ —, so folgt aus den Gleichungen 17 bis 20:

21. $$4\,l\sqrt{\dfrac{\mu f}{P}} = 2\pi\sqrt{\dfrac{G}{g}}\sqrt{\dfrac{\xi_{Gmx}}{P\dfrac{\pi}{l}\xi_0\cos\dfrac{s\,\pi}{2\,l}}}$$

$$4\,l^2\mu f = \pi^2\,\dfrac{G}{g}\,\dfrac{l}{\pi}\,\dfrac{1}{\cos\dfrac{s\,\pi}{2\,l}}\cdot\dfrac{\xi_{Gmx}}{\xi_0},$$

$$4\,l\,\mu f = \pi\,\dfrac{G}{g}\,\operatorname{tg}\dfrac{s\,\pi}{2\,l}.$$

Aus dieser Gleichung wird $l$, die halbe Länge der Saite, die die gleiche Schwingungsdauer hat wie die Anordnung 32, am ein-

48   Wellenbewegungen.

fachsten durch Probieren ermittelt. Sobald die Größe von $l$ bekannt ist, kann die Schwingungsdauer $T$ nach Gleichung 16 sofort angegeben werden:

22. $$T = 4l\sqrt{\frac{\mu f}{P}}.$$

### § 22. Die Schwingung einer Feder mit Gewicht.
Es soll die Schwingungsdauer einer Feder mit angehängter Masse $m$ (Abb. 34)

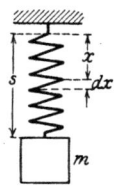

Abb. 34. Feder mit angehängtem Gewicht.

berechnet werden, und zwar unter Berücksichtigung der Federmasse $s \cdot q$, wobei $q$ die Federmasse auf die Längeneinheit bedeutet. Aufgaben dieser Art treten z. B. auf, wenn die Schwingungsdauer eines Indikatorkolbens mit Feder berechnet werden soll. Die Aufgabe kann angenähert gelöst werden, wenn man die Federmasse in $n$-Teile — vielleicht $n = 4$ — unterteilt und die Schwingungsdauer des aus $n+1$ einzelnen Schwungmassen bestehenden Systems nach den Ausführungen des § 9 berechnet. Wir werden darauf im nächsten Abschnitt eingehen. Es kann aber auch die strenge Lösung der Aufgabe in Anlehnung an den vorausgehenden Paragraphen leicht angegeben werden:

Wir denken uns die Schwingungsanordnung nach Abb. 32 in der Mitte aufgeschnitten, so daß wir zwei symmetrische Hälften

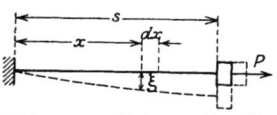

Abb. 35. Saite mit Gewicht nach Abb. 32; in der Mitte aufgeschnitten.

je mit dem Gewicht $\frac{G}{2}$ bekommen. An $\frac{G}{2}$ denken wir uns außerdem noch die Kraft $P$, die bei der Anordnung Abb. 32 als innere Kraft auftritt, in wagerechter Richtung angreifend. Dann hat die Teilanordnung Abb. 35 die gleiche Schwingungsdauer wie die Gesamtanordnung Abb. 32. Diese Teilanordnung entspricht aber der Anordnung nach Abb. 34. Auf das Element $dx$ von der Masse $q\,dx$ wirkt in Abb. 32 die Kraft $P \cdot \dfrac{\partial^2 \xi}{\partial x^2} \cdot dx = q\,dx \cdot \dfrac{\partial \xi^2}{\partial t^2}$ (Gleichung 15) und bei der Anordnung Abb. 34 ebenso: $c_0 \dfrac{\partial^2 \xi}{\partial x_2} \cdot dx = \mu f\,dx \dfrac{\partial^2 \xi}{\partial t^2}$, wenn mit $c_0$ die Elastizitätszahl der Feder bezeichnet ist. Beide Gleichungen unterscheiden sich nur dadurch, daß das $P$ der Saitenschwingung durch $c_0$ bei der schwingenden Feder und das $\mu \cdot f \cdot dx$ durch $q\,dx$ ersetzt ist. Auch die Grenzbedingungen sind in beiden Fällen die gleichen:

Die Schwingung einer Feder mit Gewicht.

An der Stelle $x = 0$ ist $\xi = 0$ und an der Stelle $x = s$ ist $m \cdot \dfrac{\partial^2 \xi_s}{\partial t^2}$
$= P \cdot \left(\dfrac{\partial^2 \xi}{\partial x^2}\right)_{x=s}$ bzw. $m \cdot \dfrac{\partial^2 \xi_s}{\partial t^2} = c_0 \left(\dfrac{\partial^2 \xi}{\partial x^2}\right)_{x=s}$. Die Lösung nach
Gleichung 21 und 22 gilt deshalb auch für die Anordnung nach Abb. 34, wenn wir nur $P$ durch $c_0$ und $\mu \cdot f$ durch $q$ ersetzen. Die Hilfsgröße $l$, die in den Gleichungen 21 und 22 auftritt, ist bei der Anordnung nach Abb. 34 die Länge der Feder, die ohne Gewicht gleiche longitudinale Schwingungsdauer $T$ hat wie die gesamte Anordnung.

Beispiel: An einer Feder von der Elastizitätszahl $c_0 = 5$ kg und von der ungespannten Länge 1 m hängt ein Gewicht $Q$ von 2 kg. Das Gewicht der Feder ist 200 g. Wie groß ist die Schwingungsdauer?

Lösung: Ohne Berücksichtigung der Federmasse ist die Schwingungsdauer $T'$ nach Gleichung 9:

$$T' = 2\pi \sqrt{\dfrac{2 \cdot 100}{981 \cdot 5}} = 2\pi \cdot 0{,}202 = 1{,}268 \text{ sec.}$$

Nach Gleichung 22 ist die Länge $l'$ der Feder von der bezogenen Masse $q = \dfrac{0{,}2}{981} \cdot \dfrac{1}{100} \dfrac{\text{kg sec}^2}{\text{cm}^2}$, die ohne Gewicht die gleiche Schwingungsdauer hat:

$$l' = \dfrac{T'}{4}\sqrt{\dfrac{c_0}{q}} = \dfrac{1{,}264}{4} \cdot \sqrt{\dfrac{5 \cdot 981 \cdot 100}{0{,}2}} = 496 \text{ cm.}$$

Die Berücksichtigung der Masse der Feder wird eine Vergrößerung der Schwingungsdauer und damit eine Vergrößerung der Länge $l$ der bezogenen reinen Federschwingung von gleicher Schwingungsdauer zur Folge haben. Jene Länge $l$ ist die richtige, die Gleichung 21 befriedigt. Wir versuchen es erst mit $l = 520$ und bekommen nach Gleichung 21, die wir in der Form benutzen:

$$\dfrac{G}{g} = \dfrac{(2Q)}{g} = \dfrac{4lq}{\pi \, \text{tg} \, \dfrac{s\pi}{2l}},$$

einen zu hohen Wert für $Q$, nämlich $Q = 0{,}00216$ statt $0{,}00204$. Wir wissen damit, daß $l$ kleiner als 520, aber größer als 496 cm sein muß. Wir versuchen es dann mit $l = 510$ und schließlich mit $l = 506$, das den richtigen Wert liefert (siehe Tabelle). Bei Benutzung der Gleichung 21 war zu beachten, daß mit $G$ das Gewicht, das auf die beiden symmetrischen Hälften aufgesetzt war, bezeichnet war. Da unser $Q$ dem auf eine Hälfte aufgesetzten Gewicht entspricht, haben wir $G$ durch $2Q$ zu ersetzen.

Tabelle.

| $l$ | $\dfrac{s\pi}{2l}$ | $\dfrac{s\pi}{2l}$ | $\operatorname{tg}\dfrac{s\pi}{2l}$ | $\dfrac{Q}{g} = \dfrac{2lq}{\pi\operatorname{tg}\dfrac{s\pi}{2l}}$ | $\left(\dfrac{Q}{g}\right)_{\text{tatsächlich}}$ |
|---|---|---|---|---|---|
| 520 | 0,302 | 17,3° | 0,312 | 0,00216 | ⎫ |
| 510 | 0,308 | 17,65° | 0,319 | 0,00209 | ⎬ 0,00204 |
| 506 | 0,311 | 17,8° | 0,321 | 0,00204 | ⎭ |

Die Schwingungsdauer $T$ für die gesamte Anordnung ist also nach Gleichung 22:

$$T = 4 \cdot 506 \sqrt{\frac{0{,}2}{98\,100 \cdot 5}} = 1{,}292 \text{ sec.}$$

Im vorliegenden Falle beträgt die Federmasse 10% von der Schwingungsmasse. Ihr Einfluß auf die Schwingungsdauer ist

$$\frac{0{,}024}{1{,}268} \cdot 100 = 1{,}90\%.$$

**§ 23. Lösung der gleichen Aufgabe durch Annäherung.** Wenn neben der Schwingungsdauer 1. Ordnung auch noch die Schwingungsdauer einer höheren Ordnung — etwa die der zweiten — berechnet werden soll, muß man auf die Annäherungsrechnung zurückgreifen, da die genaue Rechnung hierfür zu schwierig durchzuführen wäre. Wir wollen deshalb die Aufgabe noch von diesem Gesichtspunkte aus behandeln.

Bei der Annäherungsrechnung haben wir die Feder in einzelne Teile zu zerlegen und die Masse jedes Stückes im Schwerpunkt vereint zu denken. Je größer die Anzahl der Teile ist, in die wir uns die Feder zerlegt denken, desto genauer wird die Rechnung. Wir wollen hier die Aufgabe nur für den einfachsten Fall, bei dem wir uns die gesamte Federmasse im Schwerpunkt vereint denken, behandeln. Die Anordnung 34 wird dann durch die schematische Darstellung Abb. 36 dargestellt, in der $m_2 = qs$ ist. Wir unterteilen die Anordnung durch Aufschneiden der Federn und der zwischenliegenden Masse $m_2$ in 3 Anordnungen von gleicher Schwingungsdauer $T = 2\pi\sqrt{\dfrac{m \cdot s}{c_0}}$ im Sinne des § 9.

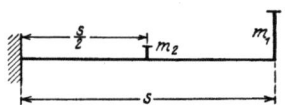

Abb. 36. Schematische Darstellung von Feder mit Masse.

Lösung der gleichen Aufgabe durch Annäherung.

Dann ist:

23. $\quad m_1 \cdot s_{11} = \left(\dfrac{s}{2} - s_{11}\right)(-m_{21}) = (m_{21} + m_2) \cdot \dfrac{s}{2}$.

Aus diesen Gleichungen entfernen wir die eine Unbekannte $m_{21}$ und lösen nach der anderen Unbekannten $s_{11}$ auf.

$$m_{21}\left(\dfrac{s}{2} - s_{11} + \dfrac{s}{2}\right) = -m_2 \cdot \dfrac{s}{2},$$

$$m_{21} = \dfrac{-m_2 \cdot s}{2\,(s - s_{11})},$$

$$s_{11}\, m_1 = \dfrac{m_2 \cdot s}{2\,(s - s_{11})}\left(\dfrac{s}{2} - s_{11}\right),$$

$$2\, m_1 \cdot s_{11}^2 - s_{11}\,(2\,s\, m_1 + m_2\, s) + m_2 \dfrac{s^2}{2} = 0,$$

$$s_{11} = \dfrac{1}{2}\left(s + \dfrac{m_2}{2\, m_1}\, s\right) \pm \sqrt{\dfrac{s^2}{4} + \dfrac{s^2\, m_2}{4\, m_1} + \dfrac{s^2}{4} \cdot \dfrac{m_2^2}{4\, m_1^2} - \dfrac{s^2}{4} \cdot \dfrac{m_2}{m_1}},$$

24. $\quad s_{11} = \dfrac{s}{2}\left(1 + \dfrac{m_2}{2\, m_1}\right) \pm \dfrac{s}{2}\sqrt{1 + \dfrac{m_2^2}{4\, m_1^2}}$.

Wir nehmen an, daß die Masse $m_2$ der Feder klein sei gegen die Masse $m_1$, so daß wir die höheren Potenzen von $\dfrac{m_2}{2\, m_1}$ gegen die niedrigeren vernachlässigen können. Es läßt sich dann die Wurzel ziehen:

25. $\quad s_{11} = \dfrac{s}{2}\left(1 + \dfrac{m_2}{2\, m_1}\right) \pm \dfrac{s}{2}\left(1 + \dfrac{m_2^2}{8\, m_1^2}\right)$

$\qquad\quad = s \cdot \left(1 + \dfrac{m_2}{4\, m_1}\right)\;$ bzw. $\;s_{11} = s\,\dfrac{m_2}{4\, m_1},$

wobei wir wieder $\dfrac{m_2^2}{m_1^2}$ gegen $\dfrac{m_2}{m_1}$ vernachlässigt haben. Für die Schwingungsdauer $T_1'$ erhalten wir

26. $\quad T_1' = 2\,\pi\sqrt{\dfrac{m_1\, s_{11}}{c_0}} = 2\,\pi\left(1 + \dfrac{m_2}{8\, m_1}\right)\sqrt{\dfrac{m_1\, s}{c_0}}$.

Die erste sehr rohe Annäherung liefert das Ergebnis, daß $1/4$ der Federmasse der angehängten Masse zugezählt werden müßte. Durch weitere Unterteilung der Feder können wir die

Annäherung verbessern. Wir finden z. B. bei Unterteilung der Feder in 3 Teile, daß $1/3$ der Federmasse $m_2$ der Masse $m_1$ zugezählt werden muß. Die Formel für die Schwingungsdauer $T_1$ lautet dann:

27. $$T_1 = 2\pi \left(1 + \frac{m_2}{6 m_1}\right) \sqrt{\frac{m_1 s}{c_0}}.$$

Die erste Annäherung für die Schwingungsdauer 2. Ordnung $T_2$ erhalten wir, wenn wir den 2. Wert von $s_{11}$ aus Gleichung 25 in Gleichung 26 einsetzen:

28. $$T_2 = 2\pi \sqrt{\frac{s m_2}{4 c_0}}.$$

**§ 24. Schwingung eines Schachtlotes.** Unter einem Schachtlot versteht man einen Kupfer- oder Stahldraht, der in einen Schacht gehängt und mit einem Gewicht belastet ist. Das Schachtlot dient zur Richtungsbestimmung im Bergwerk. Bei der großen Länge lassen sich kleine Schwingungen des Lotes, das eigentlich ruhig hängen sollte, nicht vermeiden. Wenn die Masse des Drahtes vernachlässigt werden kann, haben wir ein mathematisches Pendel, dessen Schwingungsdauer nach Gleichung 27 des 1. Kapitels berechnet wird. Für genauere Bestimmungen der Schwingungsdauer muß auf den Einfluß der Seilmasse auf die Schwingungsdauer Rücksicht genommen werden. Wir können uns dann die Anordnung Abb. 37 aus der schwingenden Saite mit Einzelmasse ähnlich wie in den vorausgehenden Abschnitten so erhalten denken, daß wir das Gewicht $G$ in Abb. 32 aufschneiden und die Seitenspannung $P$ durch die Erdanziehungskraft $Q = \dfrac{G}{2}$ ersetzt denken.

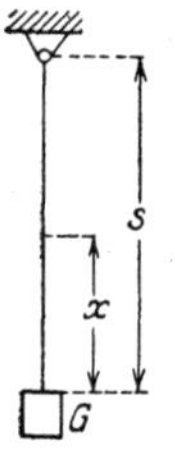

Es ist beim Schachtlot nur zu beachten, daß die Spannung $S$ des Seiles von unten nach oben wächst. An der Befestigungsstelle des Gewichtes ist $S$ gleich $Q$. Bezeichnen wir die spezifische Masse des Seiles mit $\mu \dfrac{\text{kg sec}^2}{\text{cm}^4}$, so ist $S$ an der Stelle $x$ (Abb. 37):

Abb. 37. Seil mit angehängtem Gewicht.

29. $$S = Q + x \cdot f \cdot \mu \cdot g.$$

Wir führen die Seilschwingung, wie es im vorausgehenden schon einmal geschehen ist, auf die Anordnung Abb. 34 einer Feder mit angehänger Masse zurück. Die Gleichung der Saitenschwingung lautet $S \dfrac{\partial^2 \xi}{\partial x^2} dx = \mu f dx \dfrac{\partial^2 \xi}{\partial t^2}$ (Gleichung 15) und

## Schwingung eines Schachtlotes.

die der Federschwingung $c_0 \dfrac{\partial^2 \xi}{\partial x^2} dx = \mu f dx \dfrac{\partial^2 \xi}{\partial t^2}$. Der Elastizitätszahl $c_0$ der Feder entspricht die Spannung $S$ der Saite oder des Seiles. Die Schwierigkeit besteht jetzt nur darin, daß $S$ nach Gleichung 29 eine Funktion von $x$ ist. Unseren schwingenden Draht haben wir also mit einer Feder zu vergleichen, deren Elastizitätsziffer $c_0$ nach der Befestigungsstelle hin zunimmt. Wir haben früher aber schon Aufgaben dieser Art in § 10 und § 12 zu lösen gelernt. Wir haben damals z. B. Wellen von verschiedenem Durchmesser auf eine Einheitswelle zurückgeführt, indem wir die tatsächlichen Längen der Wellenstücke durch bezogene Längen der Einheitswelle so ersetzt haben, daß das Stück der Einheitswelle bei gleichem Moment gleichen Verdrehungswinkel ergab wie das tatsächliche Wellenstück. Dieselbe Überlegung wenden wir auch jetzt an und suchen die Länge $l_{\text{bez.}}$, die die Feder bei gleichbleibender Elastizitätsziffer $c_0 = Q$ haben müßte, um gleiche Schwingungsdauer zu geben. Nach den Ausführungen in § 9 ist $l_{\text{bez.}} = l \cdot \dfrac{Q}{S}$ oder, nachdem sich $S$ von Stelle zu Stelle ändert $(dx)_{\text{bez.}} = dx \dfrac{Q}{Q + x f \mu \cdot g}$.

30.
$$s_{\text{bez.}} = \int_{x=0}^{x=s} (dx)_{\text{bez.}} = \int_{x=0}^{x=s} dx \dfrac{Q}{Q + x f \mu \cdot g}.$$

Wenn das Gewicht des Drahtes $\mu f g s$ — und dann erst recht $\mu f x g$ — klein ist gegen $Q$, können wir angenähert schreiben:

31.
$$s_{\text{bez.}} = \int_0^s dx \left(1 - x \dfrac{g f \mu}{Q}\right) = s - \dfrac{s^2}{2} \cdot \dfrac{f \mu g}{Q} = s \left(1 - \dfrac{s f \mu g}{2 Q}\right).$$

Wir führen also die Seilschwingung auf die Federschwingung zurück, wenn wir $c_0 = Q$ und $s_{\text{Feder}} = s_{\text{Seil}} \left(1 - \dfrac{s f \mu g}{2 Q}\right)$ setzen.

Außerdem haben wir noch das Gewicht des Seiles bzw. das der ihm entsprechenden Feder zu berücksichtigen, wobei wir die Annäherungsformel 27 verwenden können. Die Schwingungsdauer $T_1$ des Seiles mit Gewicht ergibt sich aus Gleichung 27 und 31 zu:

54 Wellenbewegungen.

32.
$$T_1 = 2\pi \left(1 + \frac{g\mu f s}{6Q}\right) \sqrt{\frac{Q \cdot s \left(1 - \frac{\mu f s g}{2Q}\right)}{g \cdot Q}}$$
$$= 2\pi \left(1 + \frac{\mu f s g}{6Q}\right)\left(1 - \frac{\mu f s g}{4Q}\right)\sqrt{\frac{s}{g}}$$
$$= 2\pi \sqrt{\frac{s}{g}} \left(1 - \frac{\mu f s g}{12Q}\right).$$

Dabei ist $\frac{\mu f s g}{Q}$ als klein gegen 1 vorausgesetzt, so daß in der 1. Zeile der Klammerausdruck unter dem Wurzelzeichen durch Beifügung von $+\left(\frac{\mu f s g}{4Q}\right)^2$ zum vollständigen Quadrat ergänzt werden konnte[1]).

Es bereitet keine großen Schwierigkeiten, die Rechnung genau durchzuführen, was immer nötig sein wird, wenn $\frac{\mu f s g}{Q}$ nicht mehr klein ist gegen 1. In diesem Fall muß Gleichung 30 unmittelbar integriert werden mit dem Ergebnis:

33.
$$s_{\text{bez.}} = \frac{Q}{f\mu g} \int_0^s \frac{d(xf\mu g)}{Q + xf\mu g} = \frac{Q}{f\mu g} \ln \frac{Q + sf\mu g}{Q}.$$

Mit dieser ersten Reduktion ist das schwingende Seil auf die schwingende Feder zurückgeführt. Es bleibt noch die Berücksichtigung der Seil- bzw. Federmasse nach den Formeln 21 und 22, für die schon ein Beispiel im vorausgehenden Abschnitt durchgerechnet ist.

§ 25. **Biegungsschwingung eines Balkens unter dem Eigengewicht.** Bei den vorausgehenden Betrachtungen an der schwingenden Saite ist eine Vernachlässigung stillschweigend gemacht worden, der wir uns jetzt zuwenden wollen. Die Formänderung der Saite bei der Schwingung besteht in einer Verbiegung, die durch ein Biegungsmoment hervorgerufen wird. Das Moment wird vor allem an der Einspannstelle der Saite einen verhältnismäßig großen Wert annehmen; es wird bewirken, daß die Saite an der Einspannstelle nicht scharf abgebogen wird (siehe Abb. 31), sondern daß ein etwas sanfterer Übergang stattfindet. Wenn aber die Saite stark gespannt ist, so wird das Moment der geringen

---

[1]) Das gleiche Ergebnis hat E. Trefftz-Dresden schon früher auf anderem Wege erhalten. Siehe „Mitteil. a. d. Markscheidewesen" 1921.

### Biegungsschwingung eines Balkens unter dem Eigengewicht. 55

Formänderung wegen im ganzen nur einen im Vergleich zu $P$ unbedeutenden Einfluß auf den Schwingungsvorgang haben.

In der Praxis tritt aber auch der entgegengesetzte Fall auf, nämlich daß einerseits die Saite so biegungssteif ist, daß sie selbst bei kleinen Formänderungen schon ein erhebliches Moment auslöst und daß andererseits die Zugkraft $P$ klein ist oder überhaupt verschwindet. Mit diesem entgegengesetzten Fall — dem schwingenden Balken — wollen wir uns jetzt beschäftigen. Wir nehmen dabei an, daß der Balken nur durch sein eigenes Gewicht oder durch eine gleichförmig aufgelegte Masse — nicht aber durch Einzelmassen — belastet ist.

In Abb. 38 ist der Balken in der Mittellage $I$ und in einer Zwischenlage $II$ mit den Koordinaten $x$ und $\xi$ aufgezeichnet. Daß der Balken in der Ruhelage eine kleine Durchbiegung infolge der Erdanziehung hat, stört die Betrachtung nicht, da diese statische Durchbiegung ohne Einfluß auf die Schwingungsdauer ist, so daß sie vernachlässigt werden kann.

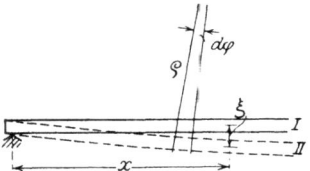

Abb. 38. Schwingung des frei aufliegenden Balkens.

Die Festigkeitslehre sagt uns, daß in einem Balken, der aus der geraden Form in die gekrümmte übergeführt wird, ein Moment $M = f(x)$ wirkt. Wenn mit $\varrho$ der Halbmesser der Krümmung und mit $d\varphi$ die Winkeländerung von zwei benachbarten Querschnitten bezeichnet wird, ist:

34. $$\frac{1}{\varrho} = \frac{M}{JE} = \frac{d\varphi}{dx} = \frac{d^2\xi}{dx^2}.$$

In dieser Formel bezeichnet $J$ das axiale Trägheitsmoment der Querschnittsfläche und $E$ den Elastizitätsmodul des Balkenmaterials. Im Querschnitt an der Stelle $x$ tritt aber außer $M$ noch eine in der Querschnittsfläche liegende Scherkraft $V$ auf, die mit $M$ durch die Beziehung verbunden ist:

35. $$\frac{dM}{dx} = V = JE \cdot \frac{d^3\xi}{dx^3}.$$

Die Scherkraft $V$ tritt aber nicht nur im Querschnitt $x$, sondern auch im Querschnitt $x + dx$, und zwar an dieser Stelle in der Stärke $V + \dfrac{dV}{dx} \cdot dx$, auf. Der Zuwachs von $V$, also $\dfrac{dV}{dx} \cdot dx$, ist die resultierende Kraft, die am Balkenelement $dx$ in senkrechter Richtung (Abb. 38) wirkt und die die Beschleunigung $\dfrac{d^2\xi}{dt^2}$ der

Masse des Elementes $\mu \cdot f \cdot dx$ bewirkt. Da $\xi$ einerseits mit $x$ und andererseits mit $t$ veränderlich ist, schreiben wir partielle Differentialquotienten:

36.  $\quad \dfrac{\partial V}{\partial x} \cdot dx = JE \dfrac{\partial^4 \xi}{\partial x^4} \cdot dx = -\mu \cdot f \cdot dx \cdot \dfrac{\partial^2 \xi}{\partial t^2}.$

Das Minuszeichen gibt wie früher an, daß die resultierende Kraft auf eine Verringerung des Ausschlages $\xi$ hinwirkt.

Die Gleichung 36 ist die Differentialgleichung des Systems; sie hat eine Lösung, die ähnlich der Lösung der Differentialgleichung 1 ist:

37.  $\quad\quad\quad \xi = \xi_0 \sin \alpha\, x \cdot \sin \alpha^2 \sqrt{\dfrac{JE}{\mu f}} \cdot t,$

wovon man sich durch Differenzieren und Einsetzen in 36 sofort überzeugt. Die Lösung 37 ist nicht die allgemeinste, sondern nur eine Lösung für stehende Schwingungen, d. h. für solche Schwingungen, bei denen zu bestimmten Zeiten alle Ausschläge $\xi$ gleichzeitig Null sind. Sie gilt überdies nur für den Fall des beiderseits frei aufliegenden Balkens.

Zur Feststellung der Grenzbedingungen beachten wir, daß an den Stellen $x = 0$ und $x = s$ der Ausschlag $\xi$ dauernd Null ist, d. h. es muß nach Gleichung 37 sein $\alpha s = \pi,\ 2\pi,\ 3\pi \ldots$ Die Dauer $T_1$ einer vollen Schwingung 1. Ordnung ist dann also:

38.  $\quad \alpha^2 \sqrt{\dfrac{JE}{\mu f}} \cdot T_I = 2\pi; \quad T_I = \sqrt{\dfrac{\mu f}{JE}} \dfrac{2 s^2}{\pi} = 0{,}636\, s^2 \sqrt{\dfrac{\mu f}{JE}}.$

(frei aufliegender Balken).

Die Gleichung 37 gibt nur die Lösung für den besonderen Fall des an beiden Enden frei aufliegenden Balkens. Wenn andere Fälle vorliegen, z. B. der vorragende Balken Abb. 39 oder der beiderseits eingespannte Balken, so muß man eine allgemeinere Lösung für die Differentialgleichung 36 suchen. Die Gleichung 37 war der Gleichung 2 für die schwingende Saite nachgebildet. Dort war aber die Differentialgleichung 1 nur von der 2. Ordnung, so daß man die Lösung für die stehende Schwingung mit zwei Konstanten (oder wenn man die Sonderannahme macht, zur Zeit $t = 0$ ist $\dfrac{d\xi}{dt} = 0$ mit nur einer Konstanten) erhalten mußte. Unsere Differentialgleichung 36 ist von der 4. Ordnung. Die allgemeine Lösung für stehende Schwingungen wird deshalb 4 Konstanten haben müssen.

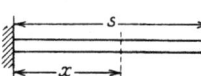

Abb. 39. Balken an einem Ende eingemauert.

Biegungsschwingung eines Balkens unter dem Eigengewicht.

Für die weitere Behandlung der Aufgabe wollen wir zuerst in der Gleichung zum Ausdruck bringen, daß wir nur die Lösungen für die stehenden Balkenschwingungen haben wollen. Die stehende Schwingung ist aber dadurch gekennzeichnet, daß $\xi$ an jeder Stelle $x$ nach der Zerlegung in die Schwingungen der verschiedenen Ordnungen gleich einem Größtwert $\eta$ mal $\sin\beta\,t$ ist, wobei $T = \dfrac{2\pi}{\beta}$ die noch zu bestimmende Dauer der Schwingung von der betreffenden Ordnung ist. Dieser Ausdruck geht aus Gleichung 37 hervor, wenn man für $\alpha^2\sqrt{\dfrac{JE}{\mu f}} = \beta$ und für $\xi_0 \sin\alpha\,x = \eta$ setzt. Gleichung 36 kann dann in der Form geschrieben werden:

39. $$JE \cdot \frac{d^4\eta}{dx^4} = \mu f \eta \beta^2.$$

Der auf beiden Seiten auftretende Faktor $\sin\beta\,t$ ist herausgehoben worden mit dem Erfolg, daß jetzt $\eta$ nur noch von $x$ abhängt. Die Kurve $\eta = f(x)$ stellt die elastische Linie des Balkens beim größten Ausschlag einer Schwingungsordnung dar.

Die allgemeinste Lösung der Gleichung 39 lautet (wovon man sich durch Probieren sofort überzeugen kann):

40. $$\eta = C_1 \sin\alpha\,x + C_2 \cos\alpha\,x + C_3 \sinh\alpha\,x + C_4 \cosh\alpha\,x.$$

Statt des Sinus hyperbolicus und des Cosinus hyperbolicus hätte man auch $e^{+\alpha x}$ und $e^{-\alpha x}$ nach der Beziehung $\sinh\alpha\,x = \dfrac{e^{+\alpha x} - e^{-\alpha x}}{2}$ und $\cosh\alpha\,x = \dfrac{e^{+\alpha x} + e^{-\alpha x}}{2}$ einführen können.

Die Grenzbedingungen für den an einem Ende eingemauerten Balken lauten: für $x = 0$ ist $\eta = 0$ und $\dfrac{d\eta}{dx} = 0$ und für $x = s$ ist $M = 0$ und $V = 0$. (Die letzteren Angaben erhält man, wenn man das Stück rechts vom Schnitt betrachtet; an der Stelle $x = s$ fällt der Schnitt mit der Begrenzung des Balkens zusammen, an der keine Kraft und kein Moment übertragen wird.) Durch Einsetzen der Grenzbedingungen erhält man:

41. $$\eta_{x=0} = O = C_2 \cos O + C_4 \cosh O.$$

Nach „Hütte" ist $\sinh 0 = 0$ und $\cosh O = 1$, also:

42. $$C_4 = -C_2.$$

Ebenso:

43. $\dfrac{d\eta}{dx} = C_1\alpha\cos\alpha x - C_2\alpha\sin\alpha x + C_3\alpha\cosh\alpha x - C_2\alpha\sinh\alpha x$,

$\left(\dfrac{d\eta}{dx}\right)_{x=0} = 0 = C_1\cdot\alpha + C_3\alpha;\quad C_3 = -C_1$,

ferner beachten wir, daß nach Gleichung 34 $M = JE\cdot\dfrac{d^2\eta}{dx^2}$ und nach Gleichung 35 $V = JE\cdot\dfrac{d^3\eta}{dx^3}$ ist. Die 3. und 4. oben genannte Grenzbedingung liefern also:

44. $\dfrac{d^2\eta}{dx^2} = -C_1\alpha^2\sin\alpha x - C_2\alpha^2\cos\alpha x - C_1\alpha^2\sinh\alpha x - C_2\alpha^2\cosh\alpha x$

$O = C_1\sin\alpha s + C_2\cos\alpha s + C_1\sinh\alpha s + C_2\cosh\alpha s$

und

45. $\dfrac{d^3\eta}{dx^3} = -C_1\alpha^3\cos\alpha x + C_2\alpha^3\sin\alpha x - C_1\alpha^3\cosh\alpha x - C_2\alpha^3\sinh\alpha x$

$O = C_1\cos\alpha s - C_2\sin\alpha s + C_1\cosh\alpha s + C_2\sinh\alpha s$.

In Gleichung 44 und 45 führen wir als Hilfsgröße $\gamma = \dfrac{C_1}{C_2}$ ein. Dann können wir $\gamma$ aus jeder der beiden Gleichungen ermitteln. Durch Gleichsetzen der beiden Werte erhalten wir eine Gleichung für $\alpha$:

46. $\gamma = \dfrac{-(\cos\alpha s + \cos h\,\alpha s)}{\sin\alpha s + \sin h\,\alpha s} = \dfrac{\sin\alpha s - \sin h\,\alpha s}{\cos\alpha s + \cos h\,\alpha s}$

$\sin^2\alpha s - \sinh^2\alpha s + \cos^2\alpha s + \cosh^2\alpha s + 2\cos\alpha s\cosh\alpha s = 0$.

Nach „Hütte" ist $\cosh^2\alpha s - \sinh^2\alpha s = 1$, folglich:

47. $\cos\alpha s\cosh\alpha s = -1$.

Ausdrücke dieser Art sind dem Bauingenieur geläufig. Sie treten vor allem bei der Berechnung von Balken auf nachgiebiger Unterlage (z. B. Eisenbahnschwelle) auf. Man hat für diese Zwecke Tafeln aufgestellt, aus denen $\cos x\cosh x$ und ähnliche Ausdrücke unmittelbar als Funktionen von $x$ entnommen werden können. Wir entnehmen z. B. aus den Tafeln von Kaiichi Hayashi: „Theorie des Trägers auf elastischer Unterlage", Berlin 1921, daß der Ausdruck 47 zu Null wird für $\alpha s = 1{,}875;\ 4{,}694;\ 7{,}85\ldots$ Die Schwingung 1. Ordnung ist also gegeben durch $\alpha s = 1{,}875$; aus Gleichung 38 folgt demnach:

48. $T_1 = \dfrac{2\pi}{\alpha^2}\sqrt{\dfrac{\mu f}{JE}} = \dfrac{2\pi}{1{,}875^2}\cdot s^2\sqrt{\dfrac{\mu f}{JE}} = 1{,}79\,s^2\sqrt{\dfrac{\mu f}{JE}}$

(vorragender Balken).

In ähnlicher Weise kann die Schwingungsdauer für den beiderseits eingespannten Balken berechnet werden. Die ersten beiden Grenzbedingungen $\left(\eta = 0 \text{ und } \dfrac{d\eta}{dx} = 0 \text{ für } x = 0\right)$ gelten ebenso wie vorausgehend; wir erhalten also wieder $C_3 = -C_1$ und $C_4 = -C_2$. Zur Feststellung der 3. und 4. Grenzbedingung beachten wir, daß für $x = s$ ebenfalls $\eta = 0$ und $\dfrac{d\eta}{dx} = 0$ sein muß. Setzen wir diese beiden Werte in die Gleichungen 40 und 43 ein, so ist:

49. $O = C_1 \sin \alpha s + C_2 \cos \alpha s - C_1 \sinh \alpha s - C_2 \cosh \alpha s$,

$$\gamma = \frac{\cos \alpha s - \cosh \alpha s}{\sinh \alpha s - \sin \alpha s}$$

und

50. $O = C_1 \cos \alpha s - C_2 \sin \alpha s - C_1 \cosh \alpha s - C_2 \sinh \alpha s$,

$$\gamma = \frac{\sin \alpha s + \sinh \alpha s}{\cos \alpha s - \cosh \alpha s}.$$

Durch Gleichsetzen der beiden Werte für $\gamma$ erhalten wir:

51. $\sinh^2 \alpha s - \sin^2 \alpha s = \cos^2 \alpha s + \cosh^2 \alpha s - 2 \cos \alpha s \cosh \alpha s$

$\cos \alpha s \cosh \alpha s = +1$.

Wir entnehmen der oben genannten Tafel, daß zum Wert 1 Werte $\alpha s = 0$; 4,73; 7,85 usw. gehören. Der Schwingungsdauer $T_1$ entspricht $\alpha s = 4{,}73$ und folglich nach Gleichung 38:

52. $$T_1 = \frac{2\pi}{(4{,}73)^2} \cdot s^2 \sqrt{\frac{\mu f}{JE}} = 0{,}280\, s^2 \sqrt{\frac{\mu f}{JE}}$$

(beiderseits eingespannter Balken).

## § 26. Verdrehungsschwingungen von unbelasteten Wellen.

Die Berechnung der Schwingungsdauer einer Welle, die Schwungmassen trägt, ist unter Vernachlässigung der Wellenmasse schon in § 12 durchgeführt worden. Die Anordnung ließ sich auf die geradlinige Schwingungsanordnung von Massen, die zwischen Federn gehalten sind, zurückführen. Ebenso können wir hier verfahren: Um die Drehschwingungsdauer der Welle allein zu berechnen, können wir die Welle durch eine Feder ersetzen und die nach § 17 errechenbare Schwingungsdauer der Feder auf die Welle übertragen. Der Vergleich der Gleichungen 9 und 18 von Kap. I lehrt, daß wir statt der Masse das Massenträgheitsmoment und statt der Elastizitätszahl der Feder die Gleitzahl der Welle einzuführen haben. Elastizitätszahl der Feder war das Tausendfache der Kraft, die nötig ist, um die Länge einer Feder von der ursprünglichen Länge Eins um ein Tausendstel zu verändern; entsprechend ist die Gleitzahl einer Welle das Tausendfache des Momentes, das aufgewendet werden muß, um eine Welle von der Länge Eins um den Winkel $\frac{1}{1000} = 0{,}057°$ zu verdrehen. Die Gleitzahl $G_z$ der Welle hat die Dimension kg cm², d. h. Verdrehungsmoment mal Wellenlänge auf den Einheitsverdrehungswinkel bezogen.

In der Regel ist aber nicht die Gleitzahl $G_z$ einer Welle, sondern ihr Gleitmodul $G$ kg/cm² und ihr Durchmesser gegeben. Es ist aber nach einer Formel der Festigkeitslehre:

53. $$\Delta \varphi = \frac{M}{iG} \cdot (2l); \quad M = \frac{iG \Delta \varphi}{(2l)},$$

wobei $\Delta \varphi$ der zum Verdrehungsmoment $M$ gehörige Verdrehungswinkel, $i$ das polare Flächenträgheitsmoment der Querschnittsfläche $\left(i = \frac{\pi d^4}{2}\right)$ und $2l$ die Länge der Welle bezeichnen. Nach Definition ist dann:

54. $$G_z = iG.$$

Die bezogene Masse $\mu$ der Feder in Gleichung 2 ersetzen wir durch das Trägheitsmoment $J$ der Schwungmasse, bezogen auf die Längeneinheit der Welle:

55. $$J = \frac{i \cdot dx \gamma}{g \cdot dx} = i \cdot \frac{\gamma}{g} = i\mu.$$

Die Gleichung 2 können wir auf die Wellenschwingung anwenden, wenn wir für $\xi$ $\Delta \varphi$ schreiben:

56. $$\Delta \varphi = \Delta \varphi_0 \sin \frac{x \pi}{2l} \sin \left(t \sqrt{\frac{G}{\mu}} \cdot \frac{\pi}{2l}\right)$$

und nach Gleichung 5:

57. $$T = \frac{4l}{n} \sqrt{\frac{\mu}{G}}.$$

Das heißt: die Schwingungsdauer $T$ ist unabhängig vom Durchmesser der Welle; sie ist neben der Länge $2l$ nur vom Material abhängig und sie verläuft im Vergleich zur Longitudinalwelle des gleichen Materials $\sqrt{\frac{G}{E}} = \infty \sqrt{0{,}4} = 0{,}63$ mal so rasch wie diese.

§ 27. **Transversalwellen in festen Materialien.** Die Unabhängigkeit der Schwingungsdauer $T$ vom Wellendurchmesser bei der Verdrehungsschwingung hat einen sehr einfachen Grund: Die Drehschwingung setzt sich aus Transversalwellen zusammen, deren Amplitude verhältnisgleich dem Abstand eines Elementes von der Drehachse ist. Um das einzusehen, denken wir uns aus der Welle, deren Querschnitt in Abb. 40 wiedergegeben ist, einen Stab $df \cdot s$ herausgeschnitten. $s$ ist parallel der Wellenachse gemessen. Bei der Verdrehungsschwingung der Welle bewegt sich $df \cdot s$ auf einer Röhre von den Halbmessern $r$ und $r + dr$. Je kleiner der maximale Ausschlag von $s \cdot df$ bei der Schwingung ist, mit desto größerer Annäherung können wir annehmen, daß sich die einzelnen Massenpunkte von $df \cdot s$ in der

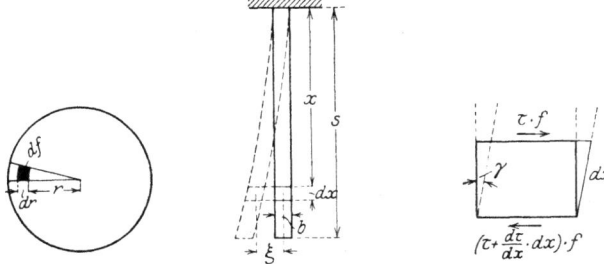

Abb. 40.   Abb. 41 und 42. Gleitschwingung eines Stabes.

Ebene bewegen, die man als Tangentenebene an den Zylinder vom Durchmesser $2r$ legen kann (Abb. 40). Die Bewegung der Stabteilchen $s \cdot df$ ist eine Transversalschwingung oder Gleitschwingung, und die gesamte Drehbewegung der Welle können wir uns aus Gleitschwingungen von einzelnen Stäben $s \cdot df$ zusammengesetzt denken, von denen wir jetzt eine einzelne näher untersuchen wollen.

In Abb. 41 ist die ebene Gleitschwingung eines Stabes in der Mittellage und in einer Endlage dargestellt. Aus einem rechteckigen Element $b \cdot dx$ in Abb. 42 wird bei der Formänderung ein Element mit dem Winkel $\gamma$, wobei $\tau = \gamma \cdot G$ ist. Oben wirkt die Schubkraft $\tau \cdot f$, unten die Kraft $\left(\tau + \dfrac{\partial \tau}{\partial x} \cdot dx\right) \cdot f$. Es ist demnach:

58.
$$f \cdot \frac{\partial \tau}{\partial x} \cdot dx = \mu \cdot f \cdot dx \cdot \frac{\partial^2 \xi}{\partial t^2},$$
$$\frac{\partial \tau}{\partial x} = \frac{\mu}{G} \cdot \frac{\partial^2 \xi}{\partial t^2}.$$

Dabei ist $\mu$ die bezogene Masse des Materials. Den Winkel $\gamma$ können wir auch durch $\xi$ ausdrücken, da $\gamma = \dfrac{\partial \xi}{\partial x}$ ist:

59. $$\frac{\partial^2 \xi}{\partial x^2} = \frac{\mu}{G} \cdot \frac{\partial^2 \xi}{\partial t^2}.$$

Die Gleichung entspricht aber vollständig der Gleichung 1, wenn wir dort den Elastizitätsmodul $E$ durch den Gleitmodul $G$ ersetzen.

Die durch Abb. 41 wiedergegebene Gleitschwingung hat in der Maschinentechnik, so viel mir bekannt, keine Bedeutung, sofern man nicht die Drehschwingung mit einbezieht. Die grundsätzliche Bedeutung der Gleitschwingung nach Abb. 41 liegt aber darin, daß sie mit der Longitudinal- oder Druckschwingung zusammen die einzigen Schwingungen sind, die in der Materie als solcher auftreten können. Alle übrigen Schwingungen (Saitenschwingungen, Biegungsschwingungen, Federschwingungen usw.) sind Schwingungen, die von den besonderen Formen der Körper abhängen und bei denen die einzelnen Massenteilchen nur wieder Druckschwingungen oder Gleitschwingungen ausführen; die zugehörigen Schwingungsdauern sind durch die besonderen Abmessungen der Körper bedingt. Die Schwingungsdauern der Druckschwingungen und Gleitschwingungen sind außer von der Wellenlänge nur vom Material abhängig.

Die feste Materie kann Druckschwingungen und Gleitschwingungen ausführen. Die Druckschwingungen sind mit Volumänderungen verbunden, während die Gleitschwingungen ohne Änderungen des Volumens vor sich gehen. Die ersteren nennt man auch Schallschwingungen, wenn man sich von der Einschränkung, daß es sich um stehende Schwingungen handeln soll, frei macht. Die Gleitschwingung in der festen Materie hat nur Bedeutung als Drehschwingung, bei der sich die Gleitschwingungen in bestimmter Weise um eine Achse herumlagern. Die Drehschwingung ist aber keine allgemeine Schwingung der Materie, sondern sie tritt nur auf, wenn die Materie in einer ganz bestimmten Form begrenzt ist.

Die flüssige und gasförmige Materie kann nur Druckschwingungen übertragen, da bei ihr keine Gleitkräfte auftreten — sofern wir ideale, d. h. reibungsfreie Flüssigkeiten oder Gase voraussetzen. Für sie ist $G = 0$.

Der Weltenäther im Gegensatz dazu scheint nur Gleitschwingungen übertragen zu können. Wir schließen daraus, daß für ihn der Elastizitätsmodul Null oder wenigstens verschwindend klein ist. Wir befinden uns damit allerdings im Gegensatz zur älteren Äthertheorie, bei der angenommen wurde, daß der Äther ein starres Medium sei, also den Elastizitätsmodul Unendlich habe. Diese Theorie mußte aufgegeben werden, da sich gewisse Versuchsergebnisse damit nicht in Einklang bringen ließen.

Betrachten wir nochmals die Druckschwingungen und die Gleitschwingungen in der festen Materie, und zwar im zweidimensionalen Raume (Abb. 43), so sehen wir, daß mit einer Druckschwingung, die in $X$-Richtung auftritt, immer eine Gleitschwingung in $Y$-Richtung verbunden sein wird, es sei denn, daß die ganze Materie in $Y$-Richtung zur gleichen Zeit den gleichen Schwingungsausschlag hat. Druckschwingung und Gleitschwingung gehören demnach für die feste Materie zusammen, und sie können als die Schwingung der festen Materie angesprochen werden.

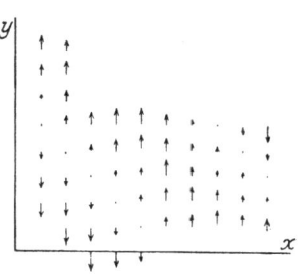

Abb. 43. Fortpflanzung von Gleitschwingung und Druckschwingung in festen Materialien.

Beide Schwingungen sind noch dadurch voneinander verschieden, daß die Druckschwingung durch die Fortschreitungsrichtung gegeben ist (eindimensional), während zur Festlegung der Gleitschwingung außer der Fortschreitungsrichtung noch die Richtung des Ausschlages angegeben werden muß (zweidimensional). In der Physik äußert sich das darin, daß es beim Schall (Druckschwingung) nur auf die Wellenlänge ankommt, während bei der Lichtfortpflanzung (Gleitschwingung) neben der Wellenlänge auch die Schwingungsrichtung eine Rolle spielt. Wir nennen z. B. „eben polarisiertes Licht" ein Licht, dessen Wellen alle parallel zu einer Ebene (Polarisationsebene) liegen.

**§ 28. Energie forttragende Wellen.** Die nachfolgenden Betrachtungen sind ganz unabhängig davon, mit was für Wellenarten wir es zu tun haben. Mit Rücksicht auf die Einfachheit der Darstellung legen

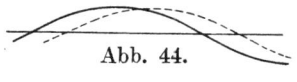

Abb. 44.

wir Gleitwellen zugrunde, bei denen also Fortpflanzungsrichtung und Schwingungsrichtung unter 90° zueinander stehen (Abb. 44).

Eigentlich hätten wir die nachfolgenden Betrachtungen schon vor den § 27 setzen müssen, da die dort behandelten Druckwellen und Gleitwellen in der Physik als phasenverschobene, energieforttragende Wellen auftreten. Die Überlegungen in § 27 nahmen aber auf diese Tatsache keinen Bezug, so daß die nachfolgenden Betrachtungen keinen Einfluß auf die in § 27 gefundenen Ergebnisse haben.

Sämtliche Überlegungen, die bei den unendlich vielgliedrigen Schwingungsanordnungen bisher angestellt wurden, gingen von der Gleichung 1 oder von der ihr entsprechenden Gleichung 59 aus. Die Lösung 2 war nur ein partikuläres Integral der partiellen Differentialgleichung. Wir behandeln jetzt ein anderes partikuläres Integral, das für die **Fortpflanzung** von Wellen besonders wichtig ist. Dieses anders gebaute partikuläre Integral lautet:

60.
$$\xi = \xi_0 \cos 2\pi \left(\frac{x}{\lambda} - \frac{t}{\tau}\right).$$

Wenn wir diesen Ausdruck zweimal nach $x$ und nach $t$ partiell differentieren und in Gleichung 59 einsetzen, finden wir die Bedingungsgleichung zwischen $\tau$ und $\lambda$:

61.
$$\frac{1}{\lambda^2} = \frac{\mu}{G} \cdot \frac{1}{\tau^2}; \qquad \frac{\lambda}{\tau} = \nu = \sqrt{\frac{G}{\mu}}.$$

Der Wert unter dem Cosinus in Gleichung 60 ändert sich mit $x$ und $t$. In jedem Augenblick $t$ gibt es Werte für $x$, an denen $\xi = 0$ ist. Diese Knotenpunkte sind dadurch gegeben, daß $2\pi\left(\frac{x}{\lambda} - \frac{t}{\tau}\right) = \frac{\pi}{2}, \frac{3\pi}{2}, \frac{5\pi}{2} \ldots$ wird. Für die Knotenpunkte ist also $\frac{x}{\lambda} = \frac{1}{4} + \frac{t}{\tau}; \frac{3}{4} + \frac{t}{\tau}; \frac{5}{4} + \frac{t}{\tau} \ldots$ Den Abstand zwischen 2 Knoten haben wir früher eine halbe Wellenlänge genannt, wobei wir ein Viertel der Wellenlänge mit $l$ bezeichnet haben. Wenn wir im obigen Ausdruck 2 Werte $s_1$ und $s_2$ einsetzten, die um $4\,l$ voneinander abstehen, so ist: $\frac{s_2}{\lambda} - \frac{s_1}{\lambda} = \frac{4\,l}{\lambda} = \frac{5}{4} - \frac{1}{4} = 1$ oder $\lambda = 4\,l$. Der Ausdruck $\lambda$ in Gleichung 60 bedeutet also die Wellenlänge ($4\,l$) oder die doppelte Entfernung zwischen 2 Knoten zu einer bestimmten Zeit. Ebenso kann man zeigen, daß $\tau$ die Schwingungsdauer angibt, d. h. die Zeit, in der sich das Schwingungsbild an einer bestimmten Stelle ($x = $ const.) wiederholt. Unter Fortpflanzungsgeschwindigkeit der Welle verstehen wir die Geschwindigkeit $\nu$, mit der ein Knotenpunkt ($\xi = 0$) auf der X-Achse dahin eilt. Bezeichnen wir die zu $\xi = 0$ gehörigen Werte mit $x_1$ und $t_1$, so ist nach Gleichung 60 und 61:

62.
$$2\pi\left(\frac{x_1}{\lambda} - \frac{t_1}{\tau}\right) = \frac{\pi}{2}; \qquad \frac{d x_1}{d t_1} = \frac{\lambda}{\tau} = \nu = \sqrt{\frac{G}{\mu}}.$$

Der Knotenpunkt der Energie forttragenden Gleitwelle bewegt

Energie forttragende Wellen.

sich also mit der Geschwindigkeit $v_G = \sqrt{\dfrac{G}{\mu}}$, dem ein Ausdruck $v_D = \sqrt{\dfrac{E}{\mu}}$ für die Druckwelle entsprechen würde.

Wir müssen uns nun darüber klar werden, warum die im vorausgehenden gekennzeichnete Welle eine Energie forttragende Welle genannt worden ist.

Betrachten wir zuerst eine stehende Schwingung Abb. 45, so wird an einer bestimmten Stelle zur Zeit $t$ der Ausschlag $\xi$ und zur Zeit $t + dt$ der Ausschlag $\xi + \dfrac{\partial \xi}{\partial t} \cdot dt$ betragen. Die Kraft, die im Querschnitt $x$ übertragen wird, ist $G \cdot \dfrac{\partial \xi}{\partial x}$, wenn wir die Querschnittsfläche gleich Eins setzen.

Abb. 45. Stehende Schwingung.

Die Kraft ist nach der Nullage zu gerichtet, während der Weg $\dfrac{\partial \xi}{\partial t} \cdot dt$ nach außen zu gerichtet sein mag. In der Zeit $dt$ leisten also die inneren Kräfte eine negative Arbeit $G \cdot \dfrac{\partial \xi}{\partial t} \cdot dt$, d. h. die Formänderungsarbeit nimmt zu auf Kosten der kinetischen Arbeit. Beim Rückgang kehrt sich das Vorzeichen von $\dfrac{\partial \xi}{\partial t} \cdot dt$, das in der Zeitspanne $dt$ zurückgelegt wird, um; die inneren Kräfte leisten positive Arbeit. Integrieren wir für eine bestimmte Querschnittsstelle $x = a$ über eine ganze Schwingung, d. h. von $t = 0$ bis $t = \tau$, so wird durch den Querschnitt $x$ von den inneren Kräften insgesamt keine Arbeit durchgeleitet, da sich positive und negative Beträge gegeneinander herausheben.

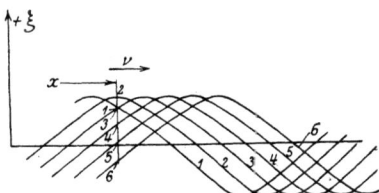

Abb. 46. Fortlaufende (Energie forttragende) Schwingung.

Wir betrachten nun eine fortlaufende Schwingung (Abb. 46) Zu den 6 Zeiten 1—6 werden im Querschnitt $x$ 6 Augenblicksbilder aufgenommen: Zur Zeit 1 ist die Kraft im Querschnitt $x$, wenn wir den rechten Teil des Stabes, der die Gleitschwingungen ausführt, betrachten, nach außen gerichtet. Ebenso ist der Zuwachs $\dfrac{\partial \xi}{\partial t} \cdot dt$ in der Zeitspanne 1—2 nach außen gerichtet. Es wird positive Arbeit durch den Querschnitt $x$ hindurchgeleitet. Zur Zeit 3 ist die Kraft am rechten Teil des Stabes im Querschnitt $x$ nach innen gerichtet, da wir schon über den größten Ausschlag hinaus sind; ebenso ist der Weg $\dfrac{\partial \xi}{\partial t} \cdot dt$ nach innen gerichtet. Zur Zeit 6 wieder ist die Kraft am rechten Teil nach außen gerichtet, d. h. nach der negativen $\xi$-Richtung hin. In gleicher Richtung ändert sich aber auch der Ausschlag $\xi$. Es wird zu allen Zeiten nur positive Arbeit im Querschnitt $x$ von der linken Seite auf die rechte übertragen, und wir wollen jetzt die Arbeit $A_\tau$ berechnen, die während einer vollen Schwingung durch den Querschnitt von der Fläche 1 an der Stelle $x$ hindurchgeleitet wird:

63. $$A_\tau = -\int_0^\tau \frac{\partial \xi}{\partial x} \cdot G \cdot \frac{\partial \xi}{\partial t} \cdot dt.$$

Dabei ist $-\dfrac{\partial \xi}{\partial x} G$ die nach innen gerichtete Scherkraft zur Zeit $t$ und $\dfrac{\partial \xi}{\partial t} \cdot dt$ die Wegänderung in der Zeit $dt$ an der unveränderlichen Querschnittsstelle $x$. Die Integration hat sich über eine volle Schwingung, in der $\xi$ wieder auf seinen Ausgangswert zurückgeht, zu erstrecken. Bei der Integration bleibt die Stelle $x$ ungeändert; $\dfrac{\partial \xi}{\partial x}$ ist die zu den verschiedenen Zeiten verschieden große Neigung der elastischen Linie. Um die Scherkraft in kg zu erhalten, müßten wir eigentlich noch die Querschnittsfläche $f$ dem Integral als Faktor beifügen. Wir haben aber $f = 1$ gesetzt.

Zur Darstellung von $\dfrac{\partial \xi}{\partial x}$ brauchen wir die Abhängigkeit zwischen $\xi$ und $x$ zu einer bestimmten Zeit $t$. Nach Gleichung 60 ist:

64. $$\frac{\partial \xi}{\partial x} = -\frac{2\pi}{\lambda} \xi_0 \sin 2\pi \left(\frac{x}{\lambda} - \frac{t}{\tau}\right),$$

und:

65. $$\frac{\partial \xi}{\partial t} = +\frac{2\pi}{\tau} \xi_0 \sin 2\pi \left(\frac{x}{\lambda} - \frac{t}{\tau}\right).$$

Aus den Gleichungen 63 bis 65 folgt:

66. $$A_\tau = \int_0^\tau G \cdot \frac{4\pi^2}{\lambda \tau} \xi_0^2 \sin^2 2\pi \left(\frac{x}{\lambda} - \frac{t}{\tau}\right) \cdot dt$$
$$= -\frac{2\pi G}{\lambda} \xi_0^2 \int_0^\tau \sin^2 2\pi \left(\frac{x}{\lambda} - \frac{t}{\tau}\right) \cdot d\left(-\frac{2\pi t}{\tau}\right).$$

Energie forttragende Wellen.

Da bei der Integration $x$ als unveränderlich betrachtet wird (es soll ja der Energiedurchgang während einer Wellendauer durch eine bestimmte Stelle $x = a$ berechnet werden), ist $\dfrac{x}{\lambda}$ eine Konstante. Wir können deshalb die Integration ausführen:

67. $A_\tau = -\dfrac{2\pi G}{\lambda} \xi_0^2 \left[ -\dfrac{1}{4} \sin 4\pi \left( \dfrac{x}{\lambda} - \dfrac{t}{\tau} \right) + \pi \left( \dfrac{x}{\lambda} - \dfrac{t}{\tau} \right) \right]_{t=0}^{t=\tau}$

$= \dfrac{2\pi^2 G \xi_0^2}{\lambda}$.

Wir wollen zeigen, daß die durch eine Querschnittsstelle während der Zeitintervalle $t_2 - t_1 = \tau$ durchgeleitete Energie $A_\tau$ gleich der Energie $A_\lambda$ ist, die in einer Wellenlänge $\lambda$ enthalten ist. Wir machen deshalb zur Zeit $t$ eine Augenblicksaufnahme und beachten, daß sich die Gesamtenergie der Schwingung in dem Gebiet $x = 0$ und $x = \lambda$ aus Formänderungsenergie und kinetischer Energie zusammensetzt. Die bezogene Formänderungsarbeit ist nach einer Formel der Festigkeitslehre $\dfrac{1}{2} G \gamma^2 = \dfrac{1}{2} G \cdot \left(\dfrac{\partial \xi}{\partial x}\right)^2$, wobei $\gamma$ der Gleitwinkel ist, und die auf das Volumen 1 bezogene kinetische Energie ist $\dfrac{1}{2} \mu \cdot v^2 = \dfrac{1}{2} \mu \cdot \left(\dfrac{\partial \xi}{\partial t}\right)^2$. Es ist also:

68. $A_\lambda = \int\limits_0^\lambda \dfrac{1}{2} G \left(\dfrac{\partial \xi}{\partial x}\right)^2 \cdot f \, dx + \int\limits_0^\lambda \dfrac{1}{2} \mu \left(\dfrac{\partial \xi}{\partial t}\right)^2 \cdot f \, dx$.

Wir setzen wieder die Querschnittsfläche $f$ gleich 1 und erhalten unter Berücksichtigung von Gleichung 64 und 65:

69. $A_\lambda = \dfrac{2\pi^2}{\lambda^2} \xi_0^2 G \int\limits_0^\lambda \sin^2 2\pi \left(\dfrac{x}{\lambda} - \dfrac{t}{\tau}\right) dx$

$+ \dfrac{2\pi^2 \mu}{\tau^2} \xi_0^2 \int\limits_0^\lambda \sin^2 2\pi \left(\dfrac{x}{\lambda} - \dfrac{t}{\tau}\right) \cdot dx$.

Wir setzen den Wert von $\mu$ aus Gleichung 61 ein und erhalten damit die Summe zweier gleicher Ausdrücke, die wir zusammenziehen können:

70. $A_\lambda = 2 \cdot \dfrac{\pi}{\lambda} \xi_0^2 G \int\limits_{x=0}^{x=\lambda} \sin^2 2\pi \left(\dfrac{x}{\lambda} - \dfrac{t}{\tau}\right) \cdot d\left(\dfrac{2\pi x}{\lambda}\right)$.

Wenn wir das Integral auswerten, so erhalten wir den gleichen Ausdruck, den wir schon in Gleichung 67 kennengelernt haben.

Bei jeder Schwingung wird also die Energie einer Schwingungslänge in der Schwingungsfortschreitungsrichtung fortgetragen und die Fortleitung der Energie erfolgt unter einer Phasenverschiebung von 90° zwischen antreibender Kraft $\dfrac{\partial \xi}{\partial x}$ und Ausschlag $\xi$. Die Energie wird ins Unendliche weitergeleitet, bzw. sie wird so lange fortgeleitet, bis sie durch innere Reibung aufgezehrt ist.

**§ 29. Fundamentschwingungen.** Alle erregten Schwingungen sind Energie forttragende Schwingungen. Eine für den Maschineningenieur besonders wichtige Art der erregten Schwingungen ist die Fundamentschwingung, die sehr gegen den Willen des Besitzers am Fundament von umlaufenden Maschinen oft störend in die Erscheinung tritt. Auch hier tritt eine Phasenverschiebung von 90° zwischen erregender Kraft — z. B. der an der Maschine auftretenden Massenkraft — und dem Schwingungsausschlag in die Erscheinung. Die Fundamentschwingungen sind nicht nur deshalb höchst unerwünscht, weil die Umgebung störende Bewegungen ausführt, sondern auch deshalb, weil durch die Fundamentschwingung ein Teil der Maschinenarbeit nutzlos ins Fundament geleitet wird.

Wir wollen berechnen, wie groß der Energieverlust ist, der mit einer Fundamentschwingung verbunden ist. Wir nehmen an, es werde eine Massenkraft $P = P_0 \sin 2\pi \dfrac{t}{\tau}$ aufs Fundament übertragen. Wie $P_0$ im Einzelfall berechnet werden muß, wird im 8. Kapitel näher ausgeführt werden. Wir setzen ferner voraus, die Massenkraft $P$ sei von der 1. Ordnung, d. h. ihre Periode stimme mit der Umlaufzahl der Maschine überein oder $\tau$ sei gleich der Dauer eines Umlaufs der Maschinenwelle. Der Ausschlag $\xi$ wird dann nach den vorausgehenden Überlegungen — er soll gegen $P$ um 90° phasenverschoben sein und $P$ ist zur Zeit $t = 0$ ebenfalls Null — durch die Gleichung:

71. $$\xi = \xi_0 \sin\left(2\pi \frac{t}{\tau} + \frac{\pi}{2}\right) = \xi_0 \cos 2\pi \frac{t}{\tau}$$

ausgedrückt werden können. Wir nehmen an, der größte Ausschlag $\xi_0$ sei bekannt, etwa durch einen Versuch bestimmt worden. Wir stellen eine Gleichung für die Arbeit $A_\tau$ auf, die ins Fundament während einer Umdrehung eingeleitet wird und die gleich dem Integral aus Kraft mal Weg ist:

72. $$A_\tau = -\int\limits_{t=0}^{t=\tau} P \cdot \frac{\partial \xi}{\partial t} \cdot dt$$

$$= -\int\limits_0^\tau P_0 \sin\left(2\pi \frac{t}{\tau}\right) \cdot \left[-\frac{2\pi}{\tau} \xi_0 \sin\left(2\pi \frac{t}{\tau}\right)\right] dt,$$

$$= P_0 \xi_0 \int\limits_0^\tau \sin^2\left(2\pi \frac{t}{\tau}\right) d\left(2\pi \frac{t}{\tau}\right),$$

$$= \pi P_0 \xi_0.$$

Unberücksichtigt ist dabei allerdings gelassen, daß sich die Fundamentschwingung nach beiden Richtungen fortpflanzt, was unter Umständen Einfluß auf die Gültigkeit obiger Gleichung haben wird. Ein ungefähres Bild von der Größe der in Frage kommenden Energiebeträge erhalten wir aber schon bei Benutzung der Gleichung.

Wir wollen beispielsweise annehmen, für eine Dieselmaschine seien folgende Zahlenwerte gegeben: Kurbelradius $r = 20$ cm, Drehzahl $n = 300 \frac{1}{\min}$, Gewicht der Getriebeteile $m \cdot g = 250$ kg, wobei $g$ die Erdbeschleunigung mit $1000 \frac{\text{cm}}{\sec^2}$ angenommen werden soll. Dann ist nach den Ausführungen des 8. Kapitels $P_0 = m r \omega^2 = \frac{250}{1000} \cdot 20 \left(\frac{300 \cdot 2\pi}{60}\right)^2 = 5000$ kg. Durch Messung sei ferner festgestellt, daß $\xi_0$ gleich 1 mm betrage. Die Arbeit $A_\tau$, die während einer Umdrehung der Maschine ins Fundament gesteckt wird, ist $A_\tau = 5000 \cdot 0{,}1 \cdot \pi = 1500$ cm kg $= 15$ m kg. Während einer Sekunde macht die Maschine 5 Umdrehungen oder der Energiebedarf der Fundamentschwingung beträgt $75 \frac{\text{m kg}}{\sec} = 1$ PS. Wir sehen, es können bei dieser Rechnung Beträge herauskommen, die bei Abnahmeversuchen eine Rolle spielen können. Es ist dabei zu beachten, daß der Energiebedarf der Fundamentschwingung wesentlich von der Ausbildung des Bodens, auf dem das Fundament steht, abhängt, für den aber die Lieferfirma der Maschine keine Verantwortung trägt. Der Hinweis auf erhebliche Fundamentschwingungen kann deshalb bei Abnahmeversuchen unter Umständen eine Rolle spielen.

# IV. Phasenverschiebung, gedämpfte und erzwungene Schwingungen.

**§ 30. Phasenverschiebungswinkel.** Bisher haben wir uns nur mit ungedämpften Schwingungen befaßt, ohne uns daran zu stoßen, daß es ungedämpfte Schwingungen in der Technik nicht gibt. Das Vorgehen war insofern berechtigt, als die Dämpfung, wie wir im nächsten Paragraphen sehen werden, nur einen geringen Einfluß auf die Schwingungsdauer hat, deren Berechnung bei allen Schwingungsvorgängen die wichtigste Aufgabe ist. Wir wollen uns jetzt nachträglich mit dem Einfluß der Dämpfung befassen und da ist es vor allem nötig, daß wir uns mit dem Begriff der Phasenverschiebung vertraut machen.

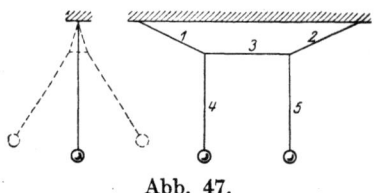

Abb. 47.
Versuchsanordnung zur Nachweisung der Phasenverschiebung.

Wir erinnern uns zuerst eines lehrreichen Versuches, der in Vorlesungen aus der Experimentalphysik vielfach vorgeführt wird: 2 Fäden 1, 2 (Abb. 47) sind an der Decke befestigt und durch einen dritten Faden 3 miteinander verbunden. An den Verbindungspunkten hängen 2 weitere gleich lange Fadenpendel 4, 5. Aus der Ruhelage des Systems erhält das eine Fadenpendel (etwa 4) einen Impuls senkrecht zur Bildebene, so daß es die aus dem Seitenriß ersichtlichen Schwingungen ausführt.

Was geschieht? Nach einer Reihe von Schwingungen nimmt das Pendel 5 immer stärkere Schwingungsausschläge an; im gleichen Verhältnis gehen die Ausschläge des Pendels 4 zurück. Es kommt ein Augenblick, in dem das Pendel 4 vollständig zur Ruhe gebracht ist und 5 ganz besonders große Ausschläge macht. Das Pendel 4 bleibt eine halbe Schwingung in Ruhe; dann dreht sich der Vorgang um: Pendel 5 ist das ziehende und gibt Energie an Pendel 4 solange ab, bis es selbst wieder zur Ruhe kommt usw.

Wenn dieser Versuch einem in Schwingungsfragen nicht Bewanderten vorgeführt wird, so erregt es bei ihm Verwunderung, daß das eine Pendel solange kinetische Energie an das andere abgibt, bis es selbst keine kinetische Energie mehr hat und daß dann erst die Bewegungsumkehr erfolgt. Man ist sonst von Energieübergängen — z. B. beim Wärmeaustausch zwischen zwei verschieden warmen Körpern — gewöhnt, daß die Energie von dem auf einem höheren Potential befindlichen Körper auf den Körper mit geringerem Potential übergeht und daß der Energieübergang aufhört, sobald beide Körper auf gleichem Potential angelangt sind.

Warum findet bei der Energieübertragung der Schwingung nach Abb. 47 eine Abweichung von der angegebenen Regel statt oder mit anderen Worten: Wie kann man entscheiden, wenn man einen bestimmten Augenblick der Schwingung herausgreift, welches das ziehende und welches das gezogene Pendel ist?

Die Schwingungen beider Pendel gehen in gleicher Weise vor sich; beide haben die gleiche Schwingungsdauer $T$. Den augenblicklichen Stand der Schwingung eines Pendels kann man durch die Augenblickslage $\alpha$ des Vektors in Abb. 48 darstellen. Der Ausschlag $\xi$ ist also gegeben durch $\xi_0 \cos \alpha$. Nimmt man die Augenblicksbilder Abb. 48 für beide Pendel und vergleicht sie miteinander, so findet man, daß sie um den Phasenverschiebungswinkel $\alpha_1$ voneinander abweichen. $\alpha_1$ ist bei der Anordnung Abb. 47 90° bzw. 270°, und zwar ist jenes Pendel das ziehende, das um 90° vor- (oder um 270° nacheilt). Der Grund für diese Erscheinung liegt darin, daß die Geschwindigkeit der Pendelmasse und die vom Faden ausgeübte Rücktriebkraft um 90° gegeneinander phasenverschoben sind: In der äußersten Lage $\beta_0$ des Pendels ist die Geschwindigkeit Null und die Rücktriebkraft ein Maximum ($G \cdot \sin \beta_0$) und in der Mittellage die Rücktriebkraft Null und die Geschwindigkeit ein Maximum. Wenn die Schwingungen der beiden Pendel um 90° phasenverschoben sind, dann ist die Geschwindigkeit (d. h. der in der Zeiteinheit zurückgelegte Weg) des einen Pendels phasengleich mit dem vom anderen Pendel auf das erste ausgeübten Kraft. Kraft mal Weg gibt aber die übertragene Energie, die einen Größtwert hat bei Phasengleichheit dieser beiden Größen und die gleich Null wird, wenn die Geschwindigkeit und die vom anderen Pendel ausgeübte Kraft um 90° phasenversetzt sind, d. h. wenn beide Pendel phasengleich oder um 180° phasenversetzt schwingen.

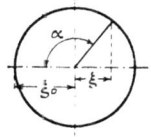

Abb. 48.

Die Betrachtung führt uns unmittelbar zur erzwungenen Schwingung. Wir wollen aber, bevor wir uns allgemein mit den erzwungenen Schwingungen befassen, erst den Einfluß, den die Dämpfung auf die Schwingung hat, näher betrachten.

**§ 31. Gedämpfte Schwingungen.** Wir nehmen an, auf die Schwingung wirke eine dämpfende Kraft, die stets der Bewegung entgegengesetzt gerichtet sei. Die Kraft kann entweder von gleichbleibender Größe oder verhältnisgleich einer Potenz der Geschwindigkeit sein. Bei Reibung nimmt man im allgemeinen an, die

72 Phasenverschiebung, gedämpfte und erzwungene Schwingungen.

Kraft sei verhältnisgleich der 1. Potenz der Geschwindigkeit, während die Dämpfungskraft bei der Wirbelbewegung, die in Flüssigkeiten und Gasen (z. B. bei der Bewegung eines Körpers in der Luft) bei größeren Geschwindigkeiten auftritt, verhältnisgleich der zweiten Potenz der Geschwindigkeit ist. Für jeden dieser Fälle müßte die Betrachtung gesondert durchgeführt werden; wir wollen hier nur den Fall behandeln, daß die Dämpfung verhältnisgleich der 1. Potenz der Geschwindigkeit ist. Die dynamische Grundgleichung lautet dann, wenn wir den Schwingungsausschlag wieder mit $\xi$ bezeichnen:

1. $$m \frac{d^2 \xi}{d t^2} = - c\, \xi - k \frac{d \xi}{d t}.$$

Der Verhältnisfaktor, der die Beziehung zwischen Geschwindigkeit und Reibung angibt, ist mit $k$ bezeichnet[1]).

Um diese Gleichung zu integrieren, setzt man:

2. $$\xi = A\, e^{\alpha t} + B\, e^{\beta t}.$$

Führt man diesen Wert in die Gleichung 1 ein, so geht sie über in:

$$m\,(\alpha^2 A\, e^{\alpha t} + \beta^2 B\, e^{\beta t}) + c\,(A\, e^{\alpha t} + B\, e^{\beta t})$$
$$+ k\,(A\, \alpha\, e^{\alpha t} + B\, \beta\, e^{\beta t}) = 0.$$

Da diese Gleichung für beliebige Werte von $A$ und $B$ identisch erfüllt sein soll ($A$ und $B$ sind die beiden Integrationskonstanten), zerfällt sie in die beiden Gleichungen:

3. $$\begin{cases} A\, e^{\alpha t}\,(m\, \alpha^2 + c + k\, \alpha) = 0, \\ B\, e^{\beta t}\,(m\, \beta^2 + c + k\, \beta) = 0. \end{cases}$$

Damit Gleichung 2 die Lösung der Gleichung 1 ist, müssen die beiden Klammerausdrücke in Gleichung 3 zu Null werden; oder $\alpha$ und $\beta$ sind die beiden Lösungen der quadratischen Gleichung:

$$m\, z^2 + c + k\, z = 0.$$

Die Auflösung der Gleichung liefert:

4. $$z = - \frac{k}{2\, m} \pm \sqrt{\frac{k^2}{4\, m^2} - \frac{c}{m}},$$

oder, wenn wir den Wurzelausdruck mit $\gamma$ bezeichnen:

$$\alpha = - \frac{k}{2\, m} + \gamma\,;\quad \beta = - \frac{k}{2\, m} - \gamma\,.$$

---

[1]) Die nachfolgende Betrachtung ist A. Föppl, Vorlesungen Bd. IV., S. 36 u. f. entnommen.

Gedämpfte Schwingungen. 73

Wir setzen diese Werte in Gleichung 2 ein und finden:

5. $$\xi = A e^{-\frac{k}{2m}t} e^{\gamma t} + B e^{-\frac{k}{2m}t} e^{-\gamma t}.$$

Hier sind nun zwei wesentlich voneinander verschiedene Fälle zu unterscheiden, je nachdem der mit $\gamma$ bezeichnete Wurzelwert reell oder imaginär ist. Im ersteren Falle kann die Lösung in der Form von Gleichung 5 unmittelbar beibehalten werden. Diese Lösung stellt aber überhaupt keine Schwingung mehr dar, weil $\xi$ als eine nichtperiodische Funktion der Zeit gefunden ist. Über die beiden Grenzbedingungen verfügen wir durch die Annahme, daß zu Beginn der Zeit ($t = 0$) der Punkt mit der Geschwindigkeit $v_0$ durch den Ursprung ($\xi = 0$) gegangen sei. Wir erhalten dann

$$0 = A + B \text{ und } v_0 = A\left(-\frac{k}{2m} + \gamma\right) + B\left(-\frac{k}{2m} - \gamma\right) = A \cdot 2\gamma$$

oder für die beiden Konstanten $A$ und $B$:

$$A = \frac{v_0}{2\gamma} \text{ und } B = -\frac{v_0}{2\gamma}.$$

Diese Werte setzen wir in Gleichung 5 ein und erhalten:

6. $$\xi = \frac{v_0}{2\gamma} e^{-\frac{k}{2m}t}\left(e^{\gamma t} - e^{-\gamma t}\right).$$

Dafür können wir nach „Hütte" schreiben:

7. $$\xi = \frac{v_0}{\gamma} e^{-\frac{k}{2m}t} \sinh \gamma t.$$

Der Ausdruck für $\xi$ in Gleichung 6 (und damit auch 7) kann sein Vorzeichen mit wachsendem $t$ nicht ändern, denn $e^{-\gamma t}$ ist für ein positives $t$ immer ein echter Bruch, während $e^{\gamma t}$ stets größer als 1 bleibt. Der Punkt bleibt vom Augenblick $t = 0$ an stets auf der positiven Seite der Koordinatenachse. Für $t = \infty$ liefert Gleichung 6 $\xi = 0$, denn nach der Definition für $\gamma$ folgt, daß $\gamma$ kleiner ist als $\frac{k}{2m}$.

Die vorausgehend beschriebene Bewegung heißt eine aperiodische; sie tritt bei starker Dämpfung auf (z. B. bei stark gedämpften Meßinstrumenten); die Bewegung kommt zustande, wenn $k \geq 2\sqrt{mc}$ ist (siehe Gleichung 4).

Sobald $k$ kleiner wird als dieser Wert, wird $\gamma$ imaginär und es treten Schwingungen auf. Mit diesem Fall wollen wir uns jetzt befassen.

**74** Phasenverschiebung, gedämpfte und erzwungene Schwingungen.

Um den imaginären Wert $\gamma$ zu entfernen, setzten wir $\gamma = i\gamma'$, wobei $\gamma'$ ein reeller Wert ist. Aus Gleichung 6 wird dann:

8. $$\xi = \frac{v_0}{\gamma'} e^{-\frac{k}{2m}t} \frac{e^{+i\gamma't} - e^{-i\gamma't}}{2i}.$$

Der auf der rechten Seite auftretende Bruch ist aber nach Hütte gleich $\sin \gamma' t$ zu setzen. Für die gedämpfte Schwingung erhalten wir so die Lösung:

9. $$\xi = \frac{v_0}{\gamma'} e^{-\frac{k}{2m}t} \sin \gamma' t.$$

Diesen Ausdruck vergleichen wir mit $\xi = \xi_0 \cos nt$ (Kap. I, Gleichung 7) für die ungedämpfte Schwingung. Wir sehen, daß statt des konstanten Glieds $\xi_0$ ein mit der Zeit abnehmendes Glied $\frac{v_0}{\gamma'} e^{-\frac{k}{2m}t}$ auftritt. Die Abnahme des Schwingungsausschlages erfolgt nach einer Exponentialfunktion.

Die Definition einer vollen Schwingung kann hier ähnlich gefaßt werden wie bei der ungedämpften Schwingung. Wir verstehen darunter den Teil der Schwingung, der sich abspielt, wenn der Wert unter dem Sinus um $2\pi$ angewachsen ist. Es ist also die Schwingungsdauer $T_g = \frac{2\pi}{\gamma'}$. Es ist bemerkenswert, daß auch die gedämpfte Schwingung — wenigstens die, bei der die Dämpfung verhältnisgleich der Geschwindigkeit ist — isochron ist. Wir können also schreiben:

10. $$T_g = \frac{2\pi}{\gamma'} = \frac{4\pi m}{\sqrt{4mc - k^2}}.$$

Der Ausdruck geht in die Gleichung für die ungedämpfte Schwingung über, wenn wir $k = 0$ setzen; dann ist

$$T_u = 2\pi \sqrt{\frac{m}{c}}.$$

Der Schwingungsausschlag in Abhängigkeit von der Zeit kann nach Gleichung 9 durch die Projektion des Fahrstrahles einer Spiralen dargestellt werden, deren Fahrstrahl gleich $\frac{v_0}{\gamma'} e^{-\frac{k}{2m}t}$ ist (Abb. 49). Die Umlaufgeschwindigkeit $T$ des Fahrstrahls ist in Gleichung 10 gegeben.

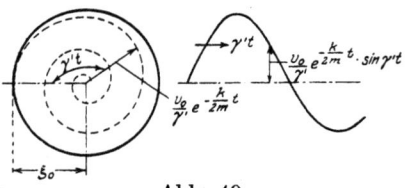

Abb. 49.

Gedämpfte Schwingungen.

Es soll nun noch eine Beziehung zwischen Schwingungsausschlag und Schwingungsdauer bei der ungedämpften und der gedämpften Schwingung aufgestellt werden. Wir bezeichnen mit $T_u$ und $T_g$ die Schwingungsdauer der ungedämpften bzw. der gedämpften Schwingung und mit $\tau^2$ das Verhältnis:

11.
$$\tau^2 = \frac{T_g^2 - T_u^2}{T_u^2},$$
$$= \frac{16\pi^2 m^2 - 4\pi^2 \frac{m}{c}(4mc - k^2)}{4\pi^2 \frac{m}{c}(4mc - k^2)},$$
$$= \frac{k^2}{4mc - k^2},$$

wobei wir den Wert für $T_g$ und $T_u$ aus Gleichung 10 entnommen haben.

Wir bezeichnen ferner mit $\varepsilon$ das Verhältnis der Abnahme $\Delta \xi_0$ des Schwingungsausschlages auf jede Schwingung zum Schwingungsausschlag $\xi_0$. Wenn also zu einem Zeitpunkt $t_1$ der Schwingungsausschlag einen Größtwert hat $\left(\gamma' t_1 = \frac{\pi}{2}\right)$ und ein 2. Zeitpunkt $t_2$ um die Schwingungsdauer $T_g$ von $t_1$ entfernt ist ($T_g = t_2 - t_1$), ist nach Gleichung 9:

12.
$$\varepsilon = \frac{\frac{v_0}{\gamma'} e^{-\frac{k}{2m} t_1} - \frac{v_0}{\gamma'} e^{-\frac{k}{2m} t_2}}{\frac{v_0}{\gamma'} e^{-\frac{k}{2m} t_1}} = 1 - e^{-\frac{k}{2m}(t_2 - t_1)},$$
$$= 1 - e^{-\frac{k}{2m} T_g} = 1 - e^{-2\pi \frac{k}{\sqrt{4mc - k^2}}} = 1 - e^{-2\pi \tau},$$
$$= 1 - e^{-2\pi \sqrt{\frac{T_g^2}{T_u^2} - 1}}.$$

In Abb. 50 ist die Abhängigkeit zwischen $\frac{T_g}{T_u}$ und $\varepsilon$, die wir nach Gleichung 12 erhalten haben, dargestellt. Man sieht, daß schon eine starke Dämpfung vorliegen muß, wenn die Schwingungsdauer $T_g$ merklich von der Dauer $T_u$ der ungedämpften Schwingung abweichen soll. So tritt z. B. eine Erhöhung der Schwingungsdauer um 10% ein, wenn die Größe des Schwingungsausschlages bei jeder vollen Schwingung um 71% abnimmt ($\varepsilon = 0{,}71$), die Schwingung also schon nach den ersten beiden Ausschlägen so gut wie vollständig erlischt. Wenn der Schwingungsausschlag bei jeder vollen Schwingung um 32% des Augenblickswertes abnimmt ($\varepsilon = 0{,}32$), so ist die Dauer dieser doch schon erheblich gedämpften Schwingung nur um 1% größer als die Dauer der ungedämpften Schwingung.

Das ist eine praktisch wichtige Erkenntnis, die man sich wohl vor Augen halten soll: Alle in der Technik auftretenden Schwingungsvorgänge sind gedämpft. Im allgemeinen haben aber Schwingungsvorgänge nur dann praktische Bedeutung, wenn die Dämpfung nicht sehr groß ist ($\varepsilon$ etwa kleiner als 30%), da bei stark gedämpften Schwingungen kein großer Ausschlag zustande kommen kann. In diesem Falle ist aber der Unterschied in der Schwingungsdauer zwischen gedämpfter und ungedämpfter Schwingung nur verschwindend gering (unter 1%). Wenn man deshalb die Schwingungsdauer einer gedämpften Schwingung in der Praxis zu bestimmen hat, so genügt es fast immer, die Schwingungsdauer der ungedämpften Schwingung zu ermitteln. Aus diesem Grunde kommt der Betrachtung des Einflusses der Dämpfung nur eine untergeordnete Bedeutung zu und wir erhalten nachträglich die Berechtigung dafür, daß wir uns bisher fast ausschließlich mit ungedämpften Schwingungen befaßt haben.

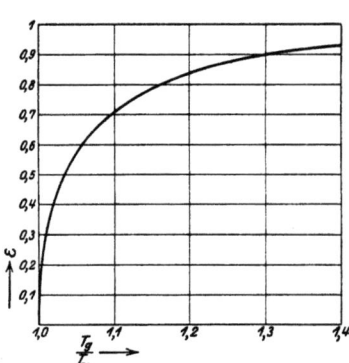

Abb. 50. Abhängigkeit zwischen Dämpfung und Schwingungsdauer ($T_g$ und $T_u$ sind Schwingungsdauern der gedämpften bzw. ungedämpften Schwingung, $\varepsilon = \dfrac{\text{Abn. d. Ausschl. a. e. Schwing.}}{\text{Schwingungsausschlag}}$.)

**§ 32. Erzwungene Schwingungen.** Unter erzwungener Schwingung versteht man eine Schwingung, die durch eine periodisch schwankende Kraft $P = K \sin \eta t$ hervorgerufen wird. Die Periodendauer des Impulses ist also $T_1 = \dfrac{2\pi}{\eta}$. Die Gleichung 1 muß in diesem Fall durch ein Glied ergänzt werden:

13. $$m \frac{d^2 \xi}{dt^2} + c \xi + k \frac{d\xi}{dt} = K \sin \eta t.$$

Die Lösung dieser Gleichung entnehmen wir den Ausführungen in dem Buche A. Föppl, Vorlesungen Bd. 4, § 8:

Die Lösung setzt sich zusammen aus 3 Gliedern, von denen die beiden ersten mit den Integrationskonstanten behaftet, aber von $k$ und $\eta$ unabhängig sind. Diese beiden Glieder bleiben übrig, wenn man $k$ gleich Null setzt, d. h. sie entsprechen für sich genommen den Eigenschwingungen des Punktes. Dazu kommt ein drittes Glied, das $k$ und $\eta$ aber keine Integrationskonstante enthält. Es entspricht also den Anfangsbedingungen, bei denen die Integrationskonstanten Null sind, d. h. es ist ein partikuläres Integral der Gleichung 13. Wir betrachten zuerst das 3. Glied allein, das wir mit $\xi_2$ bezeichnen:

14. $$\xi_2 = \xi_{20} \sin(\eta\, t - \varphi).$$

In dieser Gleichung sind $\xi_{20}$ und $\varphi$ keine willkürlichen Werte, sondern ihre Größe wird durch Einsetzen von Gleichung 14 in 13 erhalten:

15. $$-m\eta^2 \xi_{20} \sin(\eta\, t - \varphi) + c\, \xi_{20} \sin(\eta\, t - \varphi)$$
$$+ k\, \xi_{20}\, \eta \cos(\eta\, t - \varphi) = k \sin \eta\, t.$$

Nach bekannten goniometrischen Umformungen können wir dafür schreiben:

16. $$\sin \eta\, t\, [-m\, \xi_{20}\, \eta^2 \cos\varphi + c\, \xi_{20} \cos\varphi + k\, \xi_{20}\, \eta \sin\varphi - K]$$
$$+ \cos\eta\, t\, [m\, \xi_{20}\, \eta^2 \sin\varphi - c\, \xi_{20} \sin\varphi + k\, \xi_{20}\, \eta \cos\varphi] = 0.$$

Die Gleichung soll für beliebige Werte von $t$ erfüllt sein. Das ist aber nur möglich, wenn jeder der beiden Klammerausdrücke für sich den Wert Null hat. Wenn wir den zweiten Klammerausdruck Null setzen, wird:

17. $$\operatorname{tg}\varphi = \frac{k\,\eta}{c - m\eta^2}.$$

Hiermit ist $\varphi$ bestimmt. Den Wert von $\xi_{20}$ erhalten wir, wenn wir den ersten Klammerausdruck in Gleichung 16 Null setzen:

18. $$\xi_{20} = \frac{K}{(c - m\eta^2)\cos\varphi + k\,\eta\,\sin\varphi}.$$

Dafür können wir schreiben:

19. $$\xi_{20} = \frac{K\cos\varphi}{(c - m\eta^2)\left[\cos^2\varphi + \dfrac{k\,\eta}{c - m\eta^2}\sin\varphi\cos\varphi\right]} = \frac{K\cos\varphi}{c - m\eta^2}.$$

Bei der letzten Umformung war zu beachten, daß der Wert des Ausdrucks in der eckigen Klammer gemäß Gleichung 17 eins ist.

Gleichung 14 ist von der gleichen Form wie die Wegzeitfunktion bei der ungedämpften Schwingung. Die Schwingungs-

78 Phasenverschiebung, gedämpfte und erzwungene Schwingungen.

dauer $T$ ist dadurch gegeben, daß der Wert unter dem Sinus um $2\pi$ zunimmt, also:

20. $$T = \frac{2\pi}{\eta},$$

d. h. die Dauer einer Schwingung entspricht der Periodendauer der Kraft.

Besondere Beachtung verdient der Fall, daß die Phasenverschiebung $\varphi$ gleich $\frac{\pi}{2}$ wird. Dann ist nach Gleichung 17:

21. $$\operatorname{tg} \varphi = \infty \quad \text{und} \quad \eta_k = \sqrt{\frac{c}{m}}.$$

Der Ausdruck $2\pi\sqrt{\frac{m}{c}}$ war aber nach Gleichung 9, Kap. I gleich der Eigenschwingungsdauer des Systems. Nach den Formeln 20 und 21 tritt die Phasenverschiebung $\varphi = 90°$ auf, wenn die Periodendauer der antreibenden Kraft gleich der Periodendauer der Eigenschwingung ist. Wir nennen einen Impuls von dieser Wechselzahl einen kritischen Impuls. Kritische Impulswechselzahlen treten z. B. an der Welle einer Zweitakt-Dieselmaschine auf, wenn die Umlaufzahl der Maschine multipliziert mit der Anzahl der Zylinder — d. h. die Zahl der Zündungen in der Zeiteinheit — gleich der Eigenschwingungszahl der Welle ist; wir nennen die Drehzahl, bei der diese Übereinstimmung auftritt, die kritische Drehzahl der Maschine. Aus den vorausgehenden Überlegungen sehen wir, daß die Größe der Reibung ohne Einfluß auf die kritische Impulszahl ist. Mit Rücksicht auf diese Tatsache braucht man sich bei Feststellung der Eigenschwingungszahl einer Anordnung um die Reibung nicht zu kümmern.

Zu beachten ist noch, daß bei der kritischen Impulszahl ein endlicher Wert für $\xi_{20}$ — im Gegensatz zur ungedämpften Schwingung — erhalten wird. Um $\xi_{20}$ für $\eta_k = \sqrt{\frac{c}{m}}$ zu ermitteln, dürfen wir nicht auf Gleichung 19 zurückgreifen, da in ihr sowohl der Zähler als der Nenner verschwindet. Gleichung 18 gibt uns aber an, daß $\xi_{20}$ für $\eta_k = \sqrt{\frac{c}{m}}$ und damit für $\varphi_k = \frac{\pi}{2}$ den Wert $(\xi_{20})_k = \frac{K}{k\sqrt{\frac{c}{m}}} = \frac{K}{k}\sqrt{\frac{m}{c}}$ annimmt.

Über die Bewegung, die durch $\xi_2 = f(t)$ gegeben ist, kann sich noch eine beliebige Schwingungsbewegung $\xi_1 = f(t)$ überlagern. Da diese übergelagerte Schwingungsbewegung ebenso verläuft wie die ungedämpfte Schwingung, braucht sie hier nicht besonders behandelt zu werden.

**§ 33. Drehzahlregelung durch Gleichhaltung der Phasenverschiebung.** Wir wollen uns noch kurz mit einem Versuch befassen, der im Laboratorium des Verfassers vom Verfasser und seinem Assistenten, Herrn A. Busemann, angestellt worden ist und der besonders deutlich die Verhältnisse der erregten Schwingung, der Energieübertragung und der Phasenverschiebung vor Augen führt. Der Versuch ist im Anschluß an die im 7. Kapitel, § 42 beschriebenen Drehschwingungsversuche ausgeführt worden.

In Abb. 51 ist $a$ eine Zug- und Druckfeder, die an einem Ende die Masse $b$ trägt und die am anderen Ende $c$ festgehalten ist. Der Aufhängepunkt $c$ liegt auf einem bei $e$ drehbaren Hebel, der von der Stange $f$ durch den Kurbeltrieb $g$ bewegt wird. Die Eigenschwingungszahl der Anordnung $ab$ kann nach den Ausführungen in § 1 aus der Federstärke und der Masse leicht berechnet werden. Wenn die Kurbel $g$ im Rhythmus der Eigenschwingungszahl von $ab$ umläuft, wird auf die Anordnung $ab$ durch $c$ ein Impuls eingeleitet, der Resonanzerscheinungen mit besonders großen Ausschlägen vom $b$ zur Folge hat. Auf die Anordnung $ab$ wird durch die Bewegung von $c$ Energie übertragen oder die Bewegung von $c$ und die von $b$ sind um 90° phasenverschoben. Damit die Ausschläge von $b$ nicht zu groß werden, ist mit $b$ eine Ölbremse $h$ verbunden, die die in die Anordnung geleitete Energie aufnimmt.

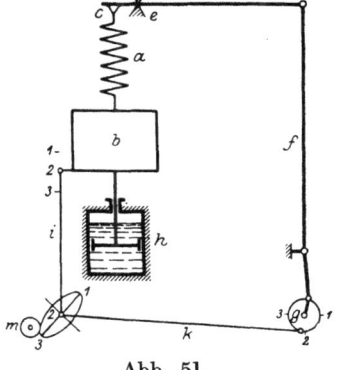

Abb. 51.

An $b$ einerseits und an den Kurbeltrieb andererseits ist das Gestänge $ik$ angelenkt. Der Gelenkpunkt $l$ bewegt sich, solange die Phasenverschiebung zwischen Kurbel- und Massenbewegung 90° ist, auf einer Geraden 1, 2, 3, und zwar entsprechen sich die Punkte 1 in der obersten Totlage der Masse $b$ und der äußersten Totlage der Kurbel $k$, die Punkte 2 der mittleren Lage von Masse und Kurbeltrieb usw. Sobald aber eine Abweichung in der Phasenverschiebung auftritt — z. B. dadurch, daß der die Kurbel antreibende Motor etwas rascher umläuft — dann geht die gradlinige Bewegung des Punktes $l$ in eine elliptische Bewegung über, und zwar wird die Ellipse von $l$ im Uhrzeigersinn durchlaufen, wenn die Kurbel $g$ zurückbleibt und im Gegenuhrzeigersinn, wenn die Kurbel $g$ voraus eilt. Der Gelenkpunkt $l$ ist mit einer Stoßstange versehen, die bei der elliptischen Bewegung das Rädchen $m$, das bei geradliniger Bewegung der Stoßstange nicht berührt wird, anstößt und im Gegenuhrzeigersinn bzw. im Uhrzeigersinn dreht. Die Drehung von $m$ wirkt — z. B. durch Einschalten oder Ausschalten vom Widerstand — so auf den antreibenden Motor ein, daß die Phasenverschiebung wieder ausgeglichen wird. Die Umlaufzahl des Motors kann mit dieser Vorrichtung gleich der Schwingungszahl der Anordnung $ab$ gehalten werden bis auf Abweichungen, die bei den üblichen Spannungsschwankungen kleiner sind als $1-2^0/_{00}$.

# V. Gekoppelte Schwingungen.

Unter einer gekoppelten Schwingungsanordnung verstehen wir die Verbindung zweier verschiedenartiger Schwingungssysteme, die aufeinander einwirken. Die bekannteste Anordnung dieser Art ist das Doppelpendel.

**§ 34. Das Doppelpendel.** An einem Pendel 1, dessen Masse $m_1$ wir uns im Schwerpunkt $S_1$ vereint denken, hänge im Abstand $l_1$ vom Aufhängepunkt $A_1$ ein Pendel 2 vom Gewicht $G_2$ (Abb. 52). Die augenblickliche Lage der beiden Pendel ist durch die Winkel $\varphi$ und $\psi$ gegeben, von denen wir annehmen wollen, daß sie nur klein seien, so daß wir den Tangens durch den Winkel ersetzen können usw.

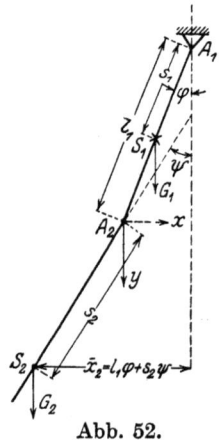

Abb. 52.

Anordnungen von der in Abb. 52 dargestellten Art treten — wenn auch mit anderen Maßverhältnissen als in der Abbildung angegeben — beim Schwingen einer Kirchenglocke auf, wobei Pendel 1 die Glocke und Pendel 2 den Klöppel vorstellt. Wir wollen der Praxis entsprechend annehmen, daß die 3 Punkte $A_1$, $A_2$ und $S_1$, die zum Pendel 1 gehören, in einer Geraden liegen. Der Punkt $S_1$ kann entweder zwischen $A_1$ und $A_2$ oder, wie es bei Glocken der Fall ist, außerhalb liegen.

Für die Berechnung des Schwingungsvorganges interessiert Schwerpunkt, Schwerpunktsabstand $s$ vom Aufhängepunkt $A$,

Masse $m$, Trägheitsmoment $J\left(\dfrac{\mathrm{kg}\cdot\sec^2}{\mathrm{cm}}\cdot \mathrm{cm}^2\right)$ bezogen auf den Aufhängepunkt $A$ und Entfernung $l_1$ der beiden Aufhängepunkte voneinander.

Wir betrachten die Bewegung jedes Pendels für sich. Der Aufhängepunkt $A_2$ macht selbst eine Bewegung mit der Geschwindigkeit $l_1 \dfrac{d\varphi}{dt}$ in Richtung der Tangente an den Kreis, den man mit $l_1$ als Halbmesser um $A_1$ legen kann und mit der Beschleunigung $l_1 \dfrac{d^2\varphi}{dt^2}$ in tangentialer und der Beschleunigung $l_1 \left(\dfrac{d\varphi}{dt}\right)^2$ in radialer Richtung. Wenn der Winkel $\varphi$ klein ist, sind auch $\dfrac{d\varphi}{dt}$ und $\dfrac{d^2\varphi}{dt^2}$ klein. Es ist dann $\left(\dfrac{d\varphi}{dt}\right)^2$ von der 2. Ordnung klein, so daß es gegen $\dfrac{d^2\varphi}{dt^2}$ vernachlässigt werden kann. Die Beschleunigung kann man dann nach der $x$- und $y$-Richtung in die beiden Komponenten $l_1 \dfrac{d^2\varphi}{dt^2}\cdot \cos\varphi$ bzw. $l_1 \dfrac{d^2\varphi}{dt^2}\sin\varphi + l_1\left(\dfrac{d\varphi}{dt}\right)^2 \cos\varphi$ zerlegen, wobei die $x$ Komponente klein von der 1. Ordnung und die $y$ Komponente klein von der 2. Ordnung ist.

Im Punkte $A_2$ werden die vorerst der Größe nach unbekannten Kräfte $X$ und $Y$ vom Pendel 1 aufs Pendel 2 übertragen. Wir stellen zuerst die Bewegungsgleichung für das Pendel 1 unter Berücksichtigung der Kräfte $X$ und $Y$ auf. Es ist:

1. $\quad J_1 \cdot \dfrac{d^2\varphi}{dt^2} = -s_1 \cdot m_1 g \sin\varphi - X\cdot l_1 \cdot \cos\varphi - Y\cdot l_1 \sin\varphi$

$\qquad\qquad = -s_1 m_1 g \cdot \varphi - X l_1 - Y l_1 \varphi.$

Am Pendel 2 greifen die äußeren Kräfte $X$, $Y$ und $G_2$ an, die die Beschleunigung des Schwerpunkts $S_2$ hervorrufen. Die Kräfte $X$ und $Y$ sind in der Abb. 52 so eingezeichnet, wie sie am Pendel 1 wirken, wenn wir den Kräften positive Vorzeichen beilegen. Am Pendel 2 sind die zugehörigen Reaktionen mit entgegengesetztem Richtungssinn zu berücksichtigen. Es ist:

2. $\qquad X = m_2 \cdot \dfrac{d^2 x_2}{dt^2} = m_2 \left(l_1 \dfrac{d^2\varphi}{dt^2} + s_2 \dfrac{d^2\psi}{dt^2}\right).$

Wir beachten bei Aufstellung der Gleichung, daß am Pendel 2 nur eine Kraft $X$ in Richtung senkrecht zur Systemmittellinie wirkt. Die Kraft $X$ erteilt dem Schwerpunkt $S_2$ die Beschleunigung $\dfrac{d^2 x_2}{dt^2}$

Die Beschleunigung des Schwerpunkts $S_2$ in $Y$-Richtung können wir bei der Kleinheit der Winkel $\varphi$ und $\psi$ vernachlässigen. Es ist angenähert:

3.  $\qquad Y = G_2 = m_2 g.$

Das Pendel 2 macht aber außer der Parallelverschiebung auch eine Drehbewegung, deren Gleichung wir jetzt aufzustellen haben. Wir lassen zu diesem Zweck den Koordinatenursprungspunkt eines neuen Systems $x'y'$ mit $A_2$ und die $y'$-Achse mit der Lotrechten zusammenfallen und untersuchen die Drehbewegung, die das Pendel 2 gegen das neue Koordinatensystem ausführt. Da das Koordinatensystem selbst beschleunigt ist, haben wir die Zusatzkraft $X = m_2 \dfrac{d^2 x_2}{d t^2}$ im Schwerpunkt beizufügen. Die Kraft $X$ hat ein positives Vorzeichen, wenn sie nach der Mitte zu gerichtet ist. Die gleiche Kraft $X = m_2 \dfrac{d^2 x_2}{d t^2}$ wird aber in entgegengesetzter Richtung, wie wir vorher sahen, im Aufhängepunkt $A_2$ übertragen, so daß insgesamt ein Kräftepaar $m_2 \dfrac{d^2 x_2}{d t^2} \cdot s_2$ zu berücksichtigen bleibt. Es ist also, wenn wir das Massenträgheitsmoment des 2. Pendels bezogen auf den Schwerpunkt $S_2$ mit $J_{20}$ bezeichnen und den Wert für $\dfrac{d^2 x_2}{d t^2}$ aus Gleich. 2 einsetzen:

4.  $\quad J_{20} \cdot \dfrac{d^2 \psi}{d t^2} = - m_2 \dfrac{d^2 x_2}{d t^2} \cdot s_2 - m_2 g \cdot s_2 \sin \psi,$

$\qquad\qquad = - m_2 s_2 \left( l_1 \dfrac{d^2 \varphi}{d t^2} + s_2 \dfrac{d^2 \psi}{d t^2} + g \psi \right),$

$\quad \psi \cdot g\, m_2 s_2 + \dfrac{d^2 \varphi}{d t^2} \cdot m_2 s_2 l_1 + \dfrac{d^2 \psi}{d t^2} (J_{20} + m_2 s_2^2) = 0,$

$\qquad \psi \cdot d + \dfrac{d^2 \varphi}{d t^2} \cdot e + \dfrac{d^2 \psi}{d t^2} \cdot f = 0.$

Ebenso erhalten wir aus den Gleichungen 1—3:

5.  $\quad J_1 \dfrac{d^2 \varphi}{d t^2} = - s_1 m_1 g \cdot \varphi - m_2 l_1 \left( l_1 \dfrac{d^2 \varphi}{d t^2} + s_2 \dfrac{d^2 \psi}{d t^2} + g \varphi \right)$

$\quad \varphi \cdot g\, (m_2 l_1 + m_1 s_1) + \dfrac{d^2 \varphi}{d t^2} (J_1 + m_2 l_1^2) + \dfrac{d^2 \psi}{d t^2} \cdot m_2 s_2 l_1 = 0,$

$\qquad \varphi \cdot a + \dfrac{d^2 \varphi}{d t^2} \cdot b + \dfrac{d^2 \psi}{d t^2} \cdot c = 0.$

## Doppelpendel.

Dabei ist gesetzt für:

6.  $(m_2 l_1 + m_1 s_1) g = a$,     $m_2 s_2 g = d$,
    $J_1 + m_2 l_1^2 = b$,     $m_2 s_2 l_1 = e = c$,
    $m_2 s_2 l_1 = c$,     $J_{20} + m_2 s_2^2 = f$.

Aus Gleichung 5 entnehmen wir den Wert für $\dfrac{d^2 \psi}{d t^2}$, den wir in Gleichung 4 einsetzen:

7.  $$\psi d - \varphi \frac{af}{c} + \frac{d^2 \varphi}{d t^2}\left(c - \frac{bf}{c}\right) = 0.$$

$e$ ist durch das gleichwertige $c$ ersetzt. Die Gleichung 7 differenzieren wir zweimal nach $t$ und setzen wieder den Wert von $\dfrac{d^2 \psi}{d t^2}$ aus Gleichung 5 ein:

8.  $$-\varphi \frac{ad}{c} - \frac{d^2 \varphi}{d t^2}\left(\frac{af}{c} + \frac{bd}{c}\right) + \frac{d^4 \varphi}{d t^4}\left(c - \frac{bf}{c}\right) = 0,$$

$$\frac{d^4 \varphi}{d t^4}(c^2 - bf) - \frac{d^2 \varphi}{d t^2}(af + bd) - \varphi a d = 0.$$

Wir haben damit eine Differentialgleichung zwischen $\varphi$ und $t$ erhalten. Die allgemeinste Lösung dieser Differentialgleichung enthält 4 Konstante $A$, $B$, $\delta_1$ und $\delta_2$; sie lautet:

9.  $$\varphi = A \sin(\sqrt{\alpha_1}\, t + \delta_1) + B \sin(\sqrt{\alpha_2}\, t + \delta_2).$$

Wenn man Gleichung 9 nach $t$ differenziert und die Werte in Gleichung 8 einsetzt, wird Gleichung 8 befriedigt. Man erhält dabei aber noch eine Bedingungsgleichung für $\alpha_1$ und $\alpha_2$, die die beiden Wurzeln der quadratischen Gleichung sind:

10. $$\alpha^2 (c^2 - bf) + \alpha(af + bd) - ad = 0,$$

$$\alpha_{12} = -\frac{af + bd}{2(c^2 - bf)} \pm \sqrt{\left[\frac{af + bd}{2(c^2 - bf)}\right]^2 + \frac{ad}{c^2 - bf}}.$$

Eine ähnliche Lösung für $\psi$ erhalten wir, wenn wir $\varphi$ eleminieren:

11. $$\psi = C \sin(\sqrt{\alpha_1}\, t + \gamma_1) + E \sin(\sqrt{\alpha_2}\, t + \gamma_2).$$

Die Werte von $\alpha_1$ und $\alpha_2$ sind die schon in Gleichung 10 festgestellten. Nach den Gleichungen 9 und 11 sind 2 Schwingungen möglich mit den Schwingungsdauern $T_1$ und $T_2$:

12. $$T_1 = \frac{2\pi}{\sqrt{\alpha_1}} \quad \text{und} \quad T_2 = \frac{2\pi}{\sqrt{\alpha_2}}.$$

Da Glocke und Klöppel, wie eingangs bemerkt, als Doppelpendel aufgefaßt werden können, interessiert noch besonders der Fall, daß $\varphi$ dauernd gleich $\psi$ wird. In diesem Falle schlägt der Klöppel nicht an die Glocke an; die Glocke versagt. Um die Bedingungsgleichung hierfür abzuleiten, setzen wir in den Gleichungen 4 und 5 $\psi = \varphi$ und verbinden beide Gleichungen miteinander:

13. $$\varphi + \frac{d^2\varphi}{dt^2}\left(\frac{c}{d} + \frac{f}{d}\right) = \varphi + \frac{d^2\varphi}{dt^2}\left(\frac{b}{a} + \frac{c}{a}\right) = 0$$

$(c + f)\,a = (b + c)\cdot d.$

Durch Einsetzen der Werte aus Gleichung 6 erhalten wir:

14. $$(m_2 l_1 + m_1 s_1)(m_2 s_2 l_1 + m_2 s_2^2 + J_{20})$$
$$= m_2 s_2 (m_2 s_2 l_1 + m_2 l_1^2 + J_1).$$

Statt $J_{20}$ hätten wir auch das Massenträgheitsmoment $J_2$ des 2. Pendels bezogen auf den Aufhängepunkt $A_2$ einführen können durch $J_2 = J_{20} + m_2 s_2^2$.

Die Gleichung 14 ist die Bedingung dafür, daß eine der beiden Schwingungsmöglichkeiten in einer Parallelschwingung zwischen Glocke und Klöppel besteht ($\varphi = \psi$). Eine Glocke, für deren Abmessungen die Gleichung 14 erfüllt ist, kann Schwingungen ausführen, ohne daß es zu einem Anschlagen des Klöppels an die Glocke kommt.

§ 35. **Das Schaukelpendel.** Wenn eine Schaukel ohne äußeren Anstoß in Betrieb gehalten oder gesetzt werden soll, so muß die auf der Schaukel befindliche Person, wie man aus der Erfahrung weiß, ihren Schwerpunkt in einer (oder wirkungsvoller in beiden) Endlagen senken und beim Durchgehen durch die Mittellage heben. Faßt man die Schaukel samt Schaukler als ein Pendel auf, dessen Drehpunkt mit dem Aufhängepunkt der Schaukel zusammenfällt, so kann man auch sagen, die Energie der Pendelbewegung wird durch die Bewegungen des Schauklers relativ zur Schaukel in dem eben angegebenen Sinne ständig vermehrt.

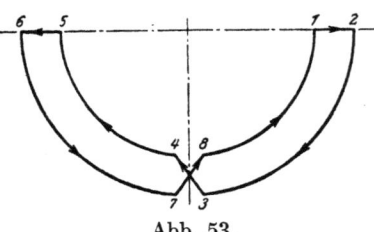

Abb. 53.

Über die Art des Energieübergangs vom Schaukler an das Pendel erhält man Aufschluß, wenn man die Bewegung nach der vereinfachten Annahme der Abb. 53 untersucht: Man setzt voraus, die Schaukel habe einen Gesamtausschlag von 180° und der Schaukler führe die Senkung seines Schwerpunkts in den Endlagen und die Hebung in der Mittellage so rasch aus, daß die tangentiale Bewegung gegenüber der radialen vernachlässigt werden kann. Der Schwerpunkt durcheilt also nacheinander die Lagen 1, 2, 3, 4, 5, 6, 7, 8. Wenn man Lager- und Lufttreibung vernachlässigt, wird der Anordnung von außen keine Energie zugeführt. Die Energiewanderung $\Delta E$ der Pendelbewegung während einer vollen Schwingung ist demnach gleich der Arbeit, die der Schaukler bei seinen Bewegungen leistet. Die Bewegungen von 1 nach 2 und von 5 nach 6 erfolgen ohne Energieumsetzung, da die Bewegung des Schwerpunkts senkrecht zu der einzigen an ihm angreifenden Kraft, der Schwerkraft $G$, erfolgt. Die Masse $m$ muß allerdings im Punkte 1 (bzw. 5) beschleunigt werden; die dazu aufgewandte Energie wird aber wieder zurückgewonnen bei der nachfolgenden Verzögerung im Punkte 2 (bzw. 7). Die Entfernung zwischen den Punkten 1 und 2 (bzw. 5 und 6) ist mit $\Delta r$, der Pendelhalbmesser mit $r$ bezeichnet.

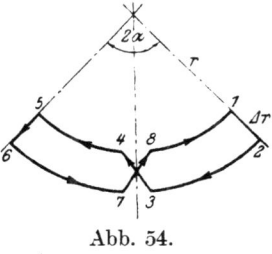

Abb. 54.

Beim Durchgehen durch die Mittellage greifen am Pendel die Schwerkraft $G$ und die Zentrifugalkraft $Z = \dfrac{m v^2}{r}$ an, die beide der Bewegung von 3 nach 4 bzw. von 7 nach 8 entgegengesetzt gerichtet sind. Da diese Arbeit während einer vollen Pendelschwingung zweimal geleistet wird, ist:

15.
$$\begin{cases} \Delta E = 2\Delta r\,(G + Z) = 2\Delta r\left(mg + \dfrac{m v^2}{r}\right), \\ \quad\; = 2\Delta r\,m g\,(1 + 2) = 6\Delta r\,m g \\ \text{wegen } v = \sqrt{2 g r} \end{cases}$$

Wenn der Pendelausschlag nicht 180°, sondern $2\alpha$ ist (Abb. 54), so ist, wie man sofort übersieht,

16.
$$\begin{cases} \Delta E = 2\Delta r\,m g\,(1 - \cos\alpha) + 2\dfrac{m v^2}{r}\Delta r, \\ \text{wobei } v^2 = 2 g r\,(1 - \cos\alpha), \\ \text{also } \Delta E = 2\Delta r\,m g\,(1 - \cos\alpha)(1 + 2) \\ \quad\quad\quad = 6\Delta r\,m g\,(1 - \cos\alpha) \end{cases}$$

also auch hier entfällt ein Drittel der gesamten Energieänderung auf die Arbeit gegen die Schwerkraft und zwei Drittel auf Arbeit, die gegen die Zentrifugalkraft geleistet wird.

Hat man ein physikalisches Pendel, das in $A$ in Schneiden gelagert ist, und auf dem sich der Schaukler oberhalb $A$ befindet, so kann der Schaukler das Pendel durch Heben seines Schwerpunkts in den äußeren Lagen und durch Senken in der Mittellage in Schwung halten. Schwerkraft und Zentrifugalkraft sind in diesem Falle entgegengesetzt gerichtet und es ist:

17. $$\begin{cases} \Delta E = 2\Delta r m g (1 - \cos \alpha)(2-1) \\ \phantom{\Delta E} = 2\Delta r m g (1 - \cos \alpha) \end{cases}$$

Das Schaukelpendel gewinnt technisches Interesse, wenn man den Mann auf der Schaukel durch eine schwingende Masse ersetzt. Der Schaukler hebt während einer vollen Schaukelschwingung seinen Schwerpunkt zweimal und senkt ihn zweimal. Man kann den Schaukler ersetzen durch eine Schwingungsanordnung, deren Schwingungsdauer doppelt so groß ist wie die Dauer der Pendelschwingung, also eine Anordnung, bei der die Masse ebenfalls während einer vollen Pendelschwingung zweimal gehoben und zweimal gesenkt wird. Eine Anordnung dieser Art ist in Abb. 55 dargestellt. Eine Pendelstange $p$ ist in $A$ drehbar gelagert und trägt den Festpunkt $B$, an dem eine Feder $f$ gehalten ist. An $f$ hängt die Masse $m$, die sich längs der Pendelstange auf und ab bewegen kann. Die Feder $f$ ist so bemessen, daß die Eigenschwingungszahl der Anordnung $m, f$ doppelt so groß ist wie die Eigenschwingungszahl des Pendels.

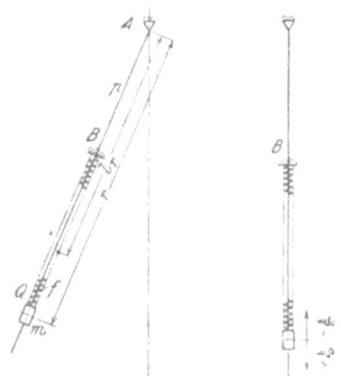

Abb. 55. Pendel mit aufgesetzter Feder und Schwungmasse von doppelt so großer Eigenschwingungszahl wie das Pendel.

Den Muskelkräften, die der Schaukler beim Heben und Senken seines Gewichtes mit der Periode der doppelten Schwingungszahl der Schaukel ausübt, muß beim Schaukelpendel der Abb. 55 ein periodischer Antrieb entsprechen, der von $p$ auf $m$ im Rhythmus der Eigenschwingungszahl der Anordnung $m, f$ ausgeübt wird. Wenn dieser Antrieb so wirkt, daß $m$ in den beiden Endlagen eine Bewegung von $A$ weg und in der Mittellage nach $A$ zu ausführt, so ist der Schaukelvorgang getreulich nachgeahmt und das Schaukelpendel wird sich selbst in Gang halten. Bevor diese erzwungene Bewegung behandelt wird, wollen wir die Bewegung untersuchen, die ein sich selbst überlassenes schwingendes Schaukelpendel der in Abb. 56 dargestellten Art ausführt.

**Das Schaukelpendel ohne äußeren Antrieb.** Es wird angenommen, die Masse des Pendels $p$ sei groß gegen $m$, die von $f$ dagegen vernachlässigbar klein gegen $m$. Es sei ferner $m$ reibungsfrei längs der Pendelstange geführt. Wenn die reduzierte Pendellänge mit $l_r$ bezeichnet wird, besteht nach Gleichung 29 von § 6 und Gleichung 3 von § 1 folgende Beziehung unter der Voraussetzung eines kleinen Pendelausschlages:

18. $$\varphi = A \cos\left(\sqrt{\frac{g}{l_r}}\, t\right) + B \sin\left(\sqrt{\frac{g}{l_r}}\, t\right).$$

Die Dauer einer vollen Pendelschwingung ist demnach:

$$T_p = 2\pi \sqrt{\frac{l_r}{g}}.$$

Die Schwingungsdauer der Anordnung $m, f$, die die doppelte Periode der Pendelschwingung haben soll, ist also:

19. $$T_m = \frac{1}{2} T_p = \pi \sqrt{\frac{l_r}{g}}.$$

Daraus kann die Spannkraft $c$, die bei der Durchbiegung der Feder $f$ um 1 cm auftritt, unter Berücksichtigung von Gleich. 9 im § 1 berechnet werden:

20. $$T_m = 2\pi \sqrt{\frac{m}{c}}; \qquad c = \frac{4\,m\,g}{l_r}.$$

Man denkt sich nun den Beobachter auf dem Pendel sitzend und untersucht die Bewegung der Masse $m$ relativ zu $p$. Als Zusatzkräfte müssen bei der Relativbewegung die Zentrifugalkraft $Z = m\,r\,\omega^2$ und die Corioliskraft $C = m\,\omega\,\dfrac{d\xi}{dt}$ beigefügt werden, wenn $\omega$ die augenblickliche Winkelgeschwindigkeit der Pendelschwingung bezeichnet. Die Richtung der Corioliskraft fällt mit der Bahntangente, die der Zentrifugalkraft mit dem Halbmesser zusammen. Da die Bewegungsgleichung in radialer Richtung aufgestellt werden soll, tritt die Corioliskraft in der nachfolgenden Gleichung nicht in Erscheinung, während die Zentrifugalkraft in voller Größe einzusetzen ist.

## Gekoppelte Schwingungen.

21. $$m \frac{d^2 \xi}{d t^2} = Z - c\,\xi.$$

Es wird ferner vorausgesetzt, daß $\xi$ vernachlässigbar klein ist gegen $r$, so daß der Abstand der Masse $m$ vom Pendeldrehpunkt $A$ als zeitlich unveränderlich angesehen werden kann.

22. $$\begin{cases} m \dfrac{d^2 \xi}{d t^2} = m r \omega^2 - \dfrac{4\,m g}{l_r} \xi. \\ \dfrac{d^2 \xi}{d t^2} = r \omega^2 - \dfrac{4 g}{l_r} \xi \end{cases}$$

Aus Gl. (18) folgt ferner:

$$\omega = \frac{d \varphi}{d t}\,;\quad \varphi = \varphi_0 \cos \sqrt{\frac{g}{l_r}}\,t.$$

23. $$\omega = \varphi_0 \sqrt{\frac{g}{l_r}} \sin\left(\sqrt{\frac{g}{l_r}}\,t\right).$$

wobei die Voraussetzung gemacht ist, daß sich das Pendel zur Zeit $t = 0$ in einer äußersten Lage — also $\omega_0 = 0$ — befindet. Der größte Pendelausschlag ist mit $\varphi_0$ bezeichnet. Die Verbindung der Gleichungen 22 und 23 liefert:

24. $$\frac{d^2 \xi}{d t^2} = \frac{r}{l_r} g\,\varphi_0^2 \sin^2\left(\sqrt{\frac{g}{l_r}}\,t\right) - \frac{4 g}{l_r} \xi.$$

Zur weiteren Behandlung dieser Gleichung wird das zweite Glied in eine Fouriersche Reihe aufgelöst. Man erhält im Intervall $\sqrt{\dfrac{g}{l_r}}\,t = 0$ bis $\sqrt{\dfrac{g}{l_r}}\,t = 2\pi$ unter Weglassung der Glieder von höherer Ordnung:

25. $$\sin^2\left(\sqrt{\frac{g}{l_r}}\,t\right) = \frac{1}{2} - \frac{1}{2} \cos\left(2 \sqrt{\frac{g}{l_r}}\,t\right).$$

Dies eingesetzt in Gleichung (24) liefert die Differentialgleichung des Systems:

26. $$\frac{d^2 \xi}{d t^2} = \frac{g\,\varphi_0^2\,r}{2\,l_r} - \frac{g\,\varphi_0^2\,r}{2\,l_r} \cos\left(\sqrt{\frac{4 g}{l_r}}\,t\right) - \frac{4 g}{l_r} \xi.$$

Wenn man die Betrachtung auf eine längere Zeit hinaus ausdehnt, muß man beachten, daß zwar die Änderung des größten Ausschlags $\Delta \varphi_0$ während einer Pendelschwingung bei kleinem $m$ vernachlässigbar klein ist gegen $\varphi_0$, daß aber diese kleinen

Änderungen von $\varphi_0$ sich addieren und daß schließlich ihre Summe nicht mehr gegen $\varphi_0$ vernachlässigt werden darf. Die Gleichung (26) ist deshalb nur als Annäherung für die Bewegung während einer Schwingung aufzufassen.

Das letzte Glied der Gleichung (26) für sich würde mit der linken Seite eine Schwingung von der Periodendauer $T = 2\pi \sqrt{\dfrac{l_r}{4g}}$ abgeben. Das 2. Glied auf der rechten Seite der Gleichung (26) stellt aber eine Kraft von der gleichen Periode $T = 2\pi \sqrt{\dfrac{l_r}{4g}}$ dar. Die durch Gleichung (26) wiedergegebene Bewegung ist demnach eine Schwingung, auf die im Rhythmus der Eigenschwingungszahl eine periodische Kraft einwirkt. Eine solche Erscheinung nennt man eine Resonanzschwingung, mit der bei fehlender Dämpfung ein stetiges Anwachsen der größten Ausschläge von $m$ verbunden ist.

Da die Gesamtenergie des Schaukelpendels, auf das von außen keine antreibende oder bremsende Kraft einwirken soll, zeitlich gleich bleibt, muß der Ausschlag des Pendels in dem Maße abnehmen, wie der Ausschlag der Masse zunimmt. Die Energie geht von der Pendelbewegung an die Schwingung der Masse auf dem Pendel stetig über. Da die periodische Kraft auf $m$ in der Mittellage nach unten einwirkt, macht die freischwingende Masse auf dem Schaukelpendel eine Bewegung, die der des Schauklers auf der Schaukel entgegengesetzt gerichtet ist: In den Endlagen bewegt sich die Masse dem Drehpunkt zu und in der Mittellage vom Drehpunkt fort; die Wirkung ist ebenfalls derjenigen entgegengesetzt, die bei einer angetriebenen Schaukel beobachtet wird. Der Pendelausschlag nimmt ständig ab.

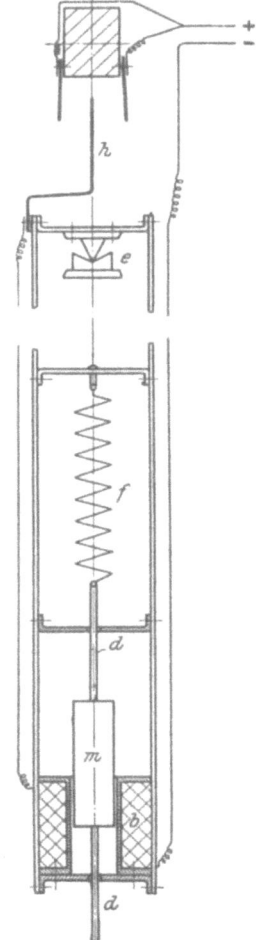

Abb. 56. Das Schaukelpendel mit elektrischem Antrieb.

Das Zusammenwirken der beiden Schwingungen kann an einer Ausführung nach Abb. 56 untersucht werden, wenn man die Stromzuführung (deren Zweck im nächsten Abschnitt besprochen wird) unterbricht: Man bindet zuerst die Masse $m$ in der Führung $d$ fest; man beobachtet dann, daß das Pendel, das in einer Schneide $e$ mit geringer Reibung gelagert ist, lange Zeit zum Ausschwingen nötig hat. Darauf läßt man $m$ frei schwingen und stellt fest, daß die Ausschläge von $m$ rasch zu- und infolgedessen die Ausschläge des Pendels rasch abnehmen. Um zu verhüten, daß die Masse schon nach wenigen Pendelschwingungen an den Begrenzungen in den Endlagen — also bei $d$ — anstößt, kann man die Reibung in den Führungen so stark vergrößern, daß der Pendelausschlag nur bis zu einer beschränkten Größe anwächst. Die der Pendelschwingung entzogene Energie wird dann in Reibung auf dem Pendel vernichtet. Man hat die einfachste — aber allerdings eine wenig wirkungsvolle — Vorrichtung, mit der man lästige Schwingungsbewegungen (z. B. die Schlingerbewegung auf Schiffen) dämpfen kann. Auf dem zu dämpfenden Pendel, also etwa auf dem Schiff, wird eine in senkrechter Richtung frei schwingende Masse $m$ eingebaut, deren Eigenschwingungszahl gleich dem Doppelten der Schiffsschwingungszahl ist. Durch entsprechendes Festziehen der Führungslager $d$ werden die Ausschläge von $m$ auf das gewünschte Maß gebracht. Die Energie der Schlingerbewegung wird durch Reibung innerhalb des schwingenden Körpers (Schiffes) vernichtet. Auf dem gleichen Prinzip beruhen die in der Praxis üblichen Dämpfungen der Schiffsschlingerbewegungen, der Schlicksche Schiffskreisel und der Frahmsche Schlingertank. In beiden Fällen wird, wie beim Schaukelpendel, die Schlingerenergie durch Reibungskräfte innerhalb des Schiffes aufgezehrt. Die Anordnung nach Abb. 56 habe ich mit Vorteil als Demonstrationsmodell für Dämpfungen von Schiffsschlingerbewegungen in meiner Vorlesung über technische Schwingungslehre benützen können.

Das Schaukelpendel mit Antrieb der Schwungmasse. Das Schaukelpendel kann mit elektrischem Antrieb versehen werden und sich selbst in Schwingung halten. Eine Anordnung dieser Art ist in Abb. 56 dargestellt. Die Schwungmasse besteht hier aus einem Eisenkern $m$, der an der Feder $f$ hängt und der in die Magnetspule $b$ gezogen wird, sobald der Stromkreis an der Kontaktstelle $h$ geschlossen wird. Das Schließen des Stromkreises erfolgt durch ein federndes Kontaktstück in den beiden Endlagen des Pendels. Die Eigenschwingungszahl der Anordnung $m, f$ ist gleich dem Doppelten der Pendelschwingungszahl. Die Masse $m$ wird in den Endlagen durch die magnetische Kraft im Rhythmus der Eigenschwingungszahl nach unten gezogen und sie federt infolge der Federkraft in der Mittellage wieder nach oben zurück. Die Masse führt gleiche Bewegungen aus wie der Schaukler auf der Schaukel, und das Pendel wird durch diese Bewegungen in Gang gehalten.

Die Anordnung ist eine zwar sehr unvollkommene, aber auch sehr einfache, elektrische Kraftmaschine, in die elektrischer Strom eingeleitet und in der kinetische Energie gewonnen wird. Der Wirkungsgrad war bei den bisherigen Ausführungsformen gering, da durch den Strom eine Schwingung erzwungen werden muß, die der natürlichen Schwingung der Masse ohne Strom entgegengesetzt gerichtet ist, wie die Betrachtung im vorausgehenden Abschnitt zeigte. Die Anordnung kann aber mit Erfolg vor allem dort benutzt werden, wo der Wirkungsgrad eine untergeordnete Rolle spielt, z. B. als Antrieb eines Pendels, mit dem unterbrochener Gleichstrom von ganz bestimmter und gleichbleibender Periodendauer erzeugt werden kann. Sie kann ferner als Antrieb eines Sekundenpendels und zur Betätigung der Zeitmarkierung bei Zeitindikatoren Verwendung finden.

# VI. Pseudoschwingungen und Biegungsschwingungen von umlaufenden Wellen.

## § 36. Die Biegungsschwingung der umlaufenden Welle.

Wenn eine Schwungmasse umläuft, so erleidet jedes Teilchen eine radiale Beschleunigung, die von der Zentripetalkraft herrührt. Um die Schwungmasse in der Ruhelage unter den gleichen Beanspruchungen, die im Betrieb auftreten, betrachten zu können, haben wir jedem Teilchen $dm$ eine Zusatzkraft, die Zentrifugalkraft $dZ$ von der Größe $dm r \omega^2$ beizufügen. Bei einer zylindrisch geformten Schwungscheibe, deren Schwerpunkt auf der Drehachse liegt, heben sich die Zentrifugalkräfte gegeneinander auf. Wenn aber der Schwerpunkt $S$ um den Betrag $r$ außerhalb der Drehachse liegt, bleibt die resultierende Zentrifugalkraft $m r \omega^2$ übrig, die der im Schwerpunkt vereint gedachten Masse eine Beschleunigung erteilt.

Außer der Zentrifugalkraft $Z$ greift aber an der Scheibe noch die Spannkraft der Welle an, die bei einer Verbiegung um den Betrag $f$ in der Größe $P = \dfrac{48 EJ}{l^3} \cdot f = cf$ angreift. Um die Durchbiegung der Welle infolge des Eigengewichtes brauchen wir uns nicht zu

## 92  Pseudo- und Biegungsschwingungen von umlaufenden Wellen.

kümmern. Wir können also etwa annehmen, die umlaufende Welle sei dem Schwerefeld der Erde entrückt. Die Verbiegung $f$ infolge der beim Umlauf auftretenden Kräfte können wir in der Scheibe auf die Weise bestimmen, daß wir uns den Durchstoßpunkt der Lagermittellinie $O-O$ im Material in der Ruhelage bestimmt denken. Der Punkt $M$ wandert beim Umlauf der Scheibe von $O$ weg. Die Lage der 3 Punkte $O$, $M$ und $S$ ist in Abb. 57 für die ruhende Scheibe und in Abb. 58 für die umlaufende Scheibe dargestellt.

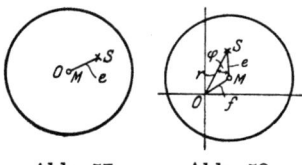

Abb. 57.  Abb. 58.

In Abb. 58 schließen die 3 Punkte ein Dreieck ein, dessen eine Seite die Länge $MS=$ Exzentrizität $= e$ und dessen andere Seite die Länge $OM=$ Biegungspfeil $= f$ hat. In Richtung $OM$ fällt die Kraft $P$, die auf die in $S$ vereinigt gedachte Masse mit dem Hebelarm $r\sin\psi$ einwirkt und so das Drehmoment $M_v = cf \cdot r \sin\psi = cer\sin\varphi$ ausübt. Wenn der Winkel $\varphi$ gleich 0 oder $\pi$ ist, verschwindet das Moment, dann sind $P$ und $Z$ gleich gerichtet. In diesem Falle ist Gleichgewicht — d. h. ein Umlauf von $S$ auf einem Kreise um $O$ — zu erwarten, wenn $Z$ und $P$ von gleicher Größe und entgegengesetzter Richtung sind. Wir wollen uns mit diesem Fall zunächst befassen.

**Der Beharrungszustand der umlaufenden Scheibe.** Nach dem Vorausgehenden ist $r = e + f$, also:

1. $$Z = mr\omega^2 = m(e+f)\omega^2 = P = cf,$$
$$f = e\,\frac{m\omega^2}{c - m\omega^2}.$$

Ein besonderer Fall tritt ein, wenn $\omega = \sqrt{\dfrac{c}{m}} = \omega_k$ wird: dann verschwindet der Nenner und $f$ müßte in Beharrungszustand unendlich groß werden. Die zugehörige Geschwindigkeit nennen wir die kritische Umlaufzahl $\omega_k$ der Welle. Wenn wir $c$ in Gleichung 1 durch $\omega_k$ ersetzen, wird:

2. $$f = e\,\frac{\omega^2}{\omega_k^2 - \omega^2}.$$

Für Geschwindigkeiten unterhalb der kritischen ($\omega < \omega_k$) ist $f$ positiv, d. h. der Schwerpunktsabstand $r$ ist $e - f$ oder der Punkt $M$ liegt zwischen $O$ und $S$ (Abb. 59a). Wenn $\omega > \omega_k$ ist, ist $f$ nach Gleichung 2 negativ, der Schwerpunktsabstand $r$ ist kleiner als $e + f$ oder $M$ liegt auf der Verbindungsgeraden $OS$. Da aber die

Kräfte $P$ und $Z$ zur Erzielung des Gleichgewichts entgegengesetzt gerichtet sein müssen und $Z$ von $O$ nach $S$ und $R$ von $M$ nach $O$ gerichtet ist, liegt $S$ in diesem Falle zwischen $O$ und $M$, (Abb. 59b). Man nennt dies die Gleichgewichtslage oberhalb der kritischen Geschwindigkeit.

Wir haben uns mit der kritischen Umlaufzahl $\omega_k = \sqrt{\dfrac{c}{m}}$ noch etwas eingehender zu befassen. Die Dauer $T_k$ eines Umlaufes ist:

3. $$T_k = \frac{2\pi}{\omega_k} = 2\pi \sqrt{\frac{m}{c}},$$

das ist aber der gleiche Ausdruck, den wir schon in § 3 als Gleich. 23 für die Dauer der Biegungsschwingung der gleichen Welle in der Ruhelage kennen gelernt haben. Das Ergebnis ist naheliegend: Bei jedem Umlauf der Welle wirkt ein störender Impuls auf die im Schwerpunkt vereint gedachte Masse ein. Wenn die Periode des störenden Impulses mit der Eigenschwingungszahl der Welle zusammenfällt, dann sind besonders große Ausschläge — im Beharrungszustand bei fehlender Dämpfung $f = \infty$ —

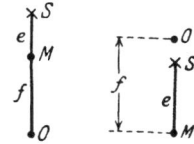

Abb. 59a und b.

zu erwarten. Man nennt unter diesen Umständen die störenden Erscheinungen, die an der umlaufenden Welle bei der Umlaufzahl $\omega_k$ auftreten, auch Biegungsschwingungen. Tatsächlich treten aber keine Schwingungen auf, sondern die durchgebogene Welle rotiert nur im Gleichgewichtszustand (Pseudoschwingungen). Insbesondere ist die Beanspruchung, die in der mit $\omega_k$ umlaufenden Welle auftritt, keine Schwingungsbeanspruchung (s. Kap. VII), sondern eine einmalige Beanspruchung, die nur dann, wenn der Beharrungszustand geändert wird, eine Änderung erfährt.

Das Ergebnis entliebt uns der Aufgabe, weitere Betrachtungen über den Beharrungszustand der umlaufenden Welle anzustellen: Wir wissen, daß die kritische Umlaufzahl mit der Biegungsschwingungszahl zusammenfällt und wir können deshalb, wenn wir $\omega_k$ ermitteln sollen, die Biegungsschwingungszahl $n_k = \dfrac{60}{T_k}$ nach den Ausführungen in § 3 berechnen. Das Ergebnis ist besonders wertvoll, wenn mehrere Schwungmassen auf der Welle sitzen: die kritische Umlaufzahl $n_k$ einer solchen Welle zu ermitteln, ist schon in § 14 mit gelöst.

**§ 37. Stabilität des Gleichgewichts.** Es muß noch nachgewiesen werden, daß die Gleichgewichtslage, die wir im vorausgehenden

**94** Pseudo- und Biegungsschwingungen von umlaufenden Wellen.

Abschnitt berechnet haben, eine stabile ist, d. h. eine solche, bei der kleine Störungen nur kleine Abweichungen aus der Gleichgewichtslage zur Folge haben. Der Beweis ist von A. Föppl (Vorlesungen Bd. IV) erbracht worden. Wir entnehmen folgendes:

In Abb. 60 sind wieder die 3 Punkte $OMS$ eingetragen. Wir stellen die Beschleunigung des Schwerpunktes $S$ nach der $X$- und $Y$-Richtung auf. $x$ und $y$ sind die Koordinaten des Schwerpunktes. Die Kraft $P = cf$ zerlegen wir nach den beiden Koordinatenrichtungen in $P_x = c(x-p)$ und $P_y = c(y-q)$, wobei $p = e\sin\alpha$ und $q = e\cos\alpha$. Der Winkel $\alpha$ ist der Umlaufwinkel der Scheibe, also gleich $\alpha = \omega t$ und $\omega$ ist unveränderlich, solange kein Moment auf die Scheibe einwirkt. Tatsächlich greift allerdings, wie wir vorhin schon gesehen haben, ein Moment $M_v = cf\sin\psi \cdot r = cer\sin\varphi$ an der Schwungmasse an, das die Schwungmasse beschleunigt oder verzögert nach der Formel:

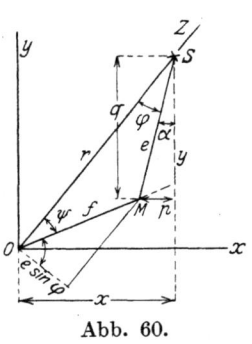

Abb. 60.

4. 
$$cer\sin\varphi = J \cdot \frac{d^2\omega}{dt^2} = mi^2 \frac{d^2\omega}{dt^2}.$$

Es sind aber Exzentrizität $e$ und Schwerpunktsabstand $r$ vom Drehpunkt im allgemeinen Werte, die klein sind gegen den Trägheitshalbmesser $i$ der Schwungscheibe. Wir können deshalb fürs erste die Schwankung der Winkelgeschwindigkeit $\omega$ vernachlässigen. Wir erhalten deshalb:

5. 
$$\begin{cases} m \cdot \dfrac{d^2 x}{dt^2} = -c(x - e\sin\omega t), \\ m \cdot \dfrac{d^2 y}{dt^2} = -c(y - e\cos\omega t). \end{cases}$$

Für $\dfrac{c}{m}$ können wir den vorhin ermittelten Wert $\omega_k^2$ einführen. Es wird dann:

6. 
$$\begin{cases} \dfrac{d^2 x}{dt^2} + \omega_k^2 \cdot x = \omega_k^2 e\sin\omega t, \\ \dfrac{d^2 y}{dt^2} + \omega_k^2 y = \omega_k^2 e\cos\omega t. \end{cases}$$

Die allgemeinsten Lösungen dieser beiden Differentialgleichungen lauten:

Stabilität des Gleichgewichts.

7.
$$\begin{cases} x = A \sin \omega_k t + B \cos \omega_k t + e \dfrac{\omega_k^2}{\omega_k^2 - \omega^2} \sin \omega t \\ y = C \sin \omega_k t + D \cos \omega_k t + e \dfrac{\omega_k^2}{\omega_k^2 - \omega^2} \cos \omega t. \end{cases}$$

Von der Richtigkeit kann man sich durch Differentieren und Einsetzen der Werte in Gleichung 6 überzeugen.

$A$, $B$, $C$ und $D$ sind Integrationskonstante, deren Größe von den Anfangsbedingungen abhängt. Wir können sie zuerst einmal gleich Null setzen, dann befriedigt das letzte Glied für sich die Differentialgleichung und der Schwerpunkt durchläuft einen Kreis um $O$ mit dem Radius $r = \dfrac{e \, \omega_k^2}{\omega_k^2 - \omega^2}$. Bei der Kreisbewegung ist aber schon aus Symmetriegründen $\varphi = 0$ und $r$ ist deshalb gleich $f + e$ oder $f = \dfrac{e \, \omega_k^2}{\omega_k^2 - \omega^2} - e = \dfrac{e \, \omega^2}{\omega_k^2 - \omega^2}$. Wenn wir das Ergebnis mit Gleichung 2 vergleichen, so finden wir, daß die angegebene Bewegung mit den Werten $A = B = C = D = 0$ die im vorigen Paragraphen entwickelte ungestörte Bewegung ist.

Wir nennen den Kreis um $O$ mit dem Halbmesser $\dfrac{e \, \omega_k^2}{\omega_k^2 - \omega^2}$ den Grundkreis und sagen der Schwerpunkt bewegt sich auf dem Grundkreis. Die Bewegung auf dem Grundkreis erfolgt nach Gleichung 7 mit der Umdrehungsgeschwindigkeit $\omega$.

Über diese Bewegung kann sich aber noch eine zweite lagern, die durch den Wert der 4 Konstanten angegeben wird. Durch Angabe der 4 Integrationskonstanten wird eine elliptische Bahn vorgeschrieben. Wir nennen die Ellipse die Schwingungsellipse, die für den Fall $B = C = 0$ in einen Schwingungskreis übergeht. Mit dieser vereinfachten allgemeinen Bewegung (Grundkreis + Schwingungskreis) wollen wir uns noch etwas befassen.

Die Gesamtbewegung des Schwerpunktes ist also zusammengesetzt aus der Bewegung auf dem Grundkreis und aus der Bewegung auf dem Schwingungskreis. Der Schwerpunkt beschreibt eine epizykloidische Bahn. Besonderes Interesse hat gerade die Bewegung, die der Schwerpunkt ausführt, wenn $\omega = \omega_k$ ist. Da der Grundkreis nach Gleich. 7 mit der Geschwindigkeit $\omega$ und der Schwingungskreis mit der Geschwindigkeit $\omega_k$ durchlaufen werden, beide Geschwindigkeiten aber einander gleich sind, ist der Winkel, den Grundkreishalbmesser $r_G$ und Schwingungskreishalbmesser $r_S$ nach einer vollen Umdrehung einschließen, der gleiche wie vor der Umdrehung. Der Grundkreishalbmesser $r_G$ hat aber nach den

96 Pseudo- und Biegungsschwingungen von umlaufenden Wellen.

früheren Ermittlungen die Größe $e \dfrac{\omega_k^2}{\omega_k^2 - \omega^2}$. Er ist also für $\omega = \omega_k$ unendlich groß. Nachdem aber ein Umlauf mit $\omega = \omega_k$ für eine kurze Zeit sehr wohl möglich, unendlich große Auslenkung des Schwerpunktes aber unmöglich ist, muß der Halbmesser $r_S$ des Schwingungskreises ebenfalls unendlich groß und zu gleichen Zeiten entgegengesetzt gerichtet sein, damit $S$ selbst wieder ins Endliche fällt. Der Schwerpunkt beschreibt eine arithmetische Spirale.

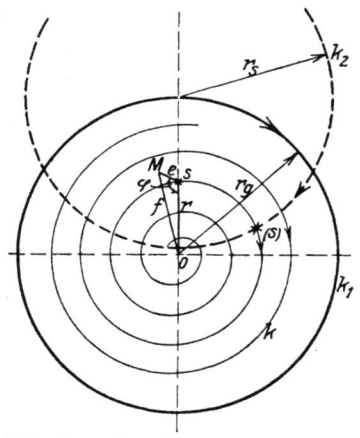

Abb. 61. Wanderung des Schwerpunktes $S$ bei Umdrehungszahlen nahe der kritischen ($r_g$ = Grundkreishalbmesser, $r_s$ = Schwingungskreishalbmesser, $k$ = epizikloidische Bahnkurve).

In Abb. 61 ist z. B. die Schwerpunktsbahnkurve $k$ für den Fall dargestellt, daß $\omega$ nicht ganz aber angenähert gleich $\omega_k$ ist ($\omega = \omega_k - \Delta\omega_k$). Dann ist $r_G$ angenähert gleich $e \dfrac{\omega_k^2}{2\,\omega_k\,\Delta\omega_k} = e \dfrac{\omega_k}{2\,\Delta\omega_k}$. Wenn wir noch annehmen, daß zu Beginn der Zeit der Schwerpunkt $S$ mit $O$ zusammengefallen sei, so ist auch $r_S = r_G$. Während einer Umdrehung der Schwungscheibe legt der Grundkreis, der mit der Umlaufgeschwindigkeit $\omega$ durchmessen wird, den Winkel $2\pi$ und der Schwingungskreis, der nach Gleichung 7 mit der Umlaufgeschwindigkeit $\omega_k$ durchmessen wird, den Winkel

$$2\pi \frac{\omega_k}{\omega} = 2\pi \frac{\omega_k}{\omega_k - \Delta\omega_k} = \infty\, 2\pi\left(1 + \frac{\Delta\omega_k}{\omega_k}\right)$$

zurück. Beide Radien $r_G$ und $r_S$ schließen also nach dieser Zeit den Winkel $2\pi \dfrac{\Delta\omega_k}{\omega_k}$ ein und der Schwerpunkt $S$ ist um das Stück $2\pi \dfrac{\Delta\omega_k}{\omega_k} \cdot r_g = \pi\,e$ weiter von $O$ weggerückt. Die Betrachtung ist um so strenger, je kleiner $\dfrac{\Delta\omega_k}{\omega_k}$ ist. Für $\omega = \omega_k$ bewegt sich also $S$ auf einer Spirale mit der Fortschrittsgeschwindigkeit $\pi\,e$ für jede Umdrehung. Schon nach wenigen Umdrehungen wird dann $e$ klein sein gegen $r$, so daß wir angenähert $r = f$ setzen können.

## Stabilität des Gleichgewichts.

Die Gesamtenergie der umlaufenden Scheibe setzt sich dann zusammen aus $E_u$ der Drehung um den Schwerpunkt, aus der kinetischen Energie $E_w$ der Schwerpunktsbewegung und aus der Biegungsarbeit $E_b$, die bei der Durchbiegung der Welle um den Betrag $f$ geleistet wird. Die Gesamtenergie ist unveränderlich. Die Energieänderung $\Delta E_w$ und $\Delta E_b$ erfolgen also auf Kosten von $E_u$. $E_u$ hatten wir im vorausgehenden als so groß angenommen, daß seine Änderung $\Delta E_u$ auf eine Schwingung gegen $E_u$ vernachlässigt werden kann.

Es ist:
$$E_w = \tfrac{1}{2} m r^2 \omega_k^2,$$

8. $\quad \Delta E_w = \tfrac{1}{2} m \omega_k^2 [(r + \pi e)^2 - r^2] = \infty \, \pi r e m \omega_k^2$

und $\quad E_b = \tfrac{1}{2} c f^2 = \tfrac{1}{2} c r^2,$

9. $\quad \Delta E_b = \tfrac{1}{2} c [(r + \pi e)^2 - r^2] = \pi r e c.$

Wenn wir wieder $m \omega_k^2$ durch $c$ ersetzen, folgt:

10. $\quad \Delta E_u = \Delta E_w + \Delta E_b = 2 \pi r e c.$

Andererseits ist aber $\Delta E_u$ gleich Kraft mal Weg, also gleich $c f$ mal $2 \pi e \sin \varphi$, wobei $2 \pi e \sin \varphi$ der in Richtung der Kraft während einer Umdrehung zurückgelegte Weg ist. $\Delta E_u$ ist also $2 \pi e r c \sin \varphi$ oder nach Gleichung 10 muß $\varphi$ gleich $90°$ sein. Wir sehen, daß das Dreieck $OSM$ ein rechtwinkliges ist, wenn $\omega = \omega_k$ ist; diese Erscheinung läßt sich an den in der Praxis umlaufenden Rotoren leicht nachweisen: Wir nehmen an, ein Rotor sei zentrisch zur Lagermittellinie abgedreht. Wenn wir ihn langsam umdrehen, so wird ein Bleistift $B$, den wir in der Nähe des Umfangs bringen (Abb. 62), entweder an keiner Stelle berühen oder, wenn der Bleistift noch näher herangebracht wird, einen vollen Kreis auf dem Umfang aufschreiben. Sobald wir den Rotor in schnellere Umdrehungen versetzen, dann macht sich die am Schwerpunkt angreifende Zentrifugalkraft bemerkbar und der Bleistift berührt — in geeignete Entfernung gebracht — an der in Abb. 62 mit $\omega < \omega_k$ bezeichneten Stelle.

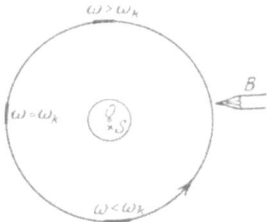

Abb. 62. Aufzeichnen des Schlages einer Welle durch Anhalten eines Bleistiftes $B$.

Wenn wir den Rotor weiter bis auf $\omega = \omega_k$ beschleunigen, so macht sich ein starkes Schlagen des Rotors bemerkbar; der Bleistift schreibt einen Strich an die Stelle $\omega = \omega_k$ an oder, wie man in der Praxis sagt, der Schwerpunkt eilt bei der kritischen Geschwindigkeit um 90° voraus. Bei weiterer Beschleunigung auf $\omega > \omega_k$ fällt $S$ zwischen $O$ und $M$ und der Bleistift markiert die oben angegebene Stelle $\omega > \omega_k$.

Das ist eine für das Auswuchten von Rotoren wichtige Erkenntnis: Man wird im allgemeinen bei $\omega = \omega_k$ die Lage der Überwucht mittels Bleistiftstrich in der oben angegebenen Weise festzustellen versuchen, da bei dieser Umdrehungszahl die größten Ausschläge zu erwarten sind. Man darf dann die zusätzliche Ausbalanziermasse nicht etwa der markierten Stelle gegenüber liegend anbringen, sondern man muß sie um 90° gegen die markierte Stelle versetzen.

**§ 38. Instabilität in der Nähe der kritischen Geschwindigkeit.** Bei der vorausgehenden Ableitung ist das Ergebnis erhalten worden, daß der Schwerpunkt des Rotors im Beharrungszustand auf dem Grundkreis fortschreitet und zusätzliche Schwingungsbewegungen ausführen kann ähnlich dem ruhenden Rotor. Die Bewegung des Schwerpunkts auf dem Grundkreis ist damit als eine stabile erkannt worden. Bei der Ableitung ist aber eine Vernachlässigung begangen worden. Es ist $\Delta E_u$ gegen $E_u$ oder der Einfluß des Momentes $c\,e\,r\sin\varphi$ auf die Umdrehungsgeschwindigkeit vernachlässigt worden. Man kann sich noch die Frage vorlegen, welches Ergebnis die strenge Durchführung der Aufgabe haben würde. Das Problem ist zuerst von Stodola behandelt worden („Die Dampfturbinen", 4. Auflage), später hat sich der Verfasser auch mit dieser Aufgabe befaßt (Zeitschr. f. d. ges. Turbinenwesen 1916). Mit Hilfe der Methode der kleinen Schwingungen findet man, daß die Umdrehung des Rotors über der kritischen Geschwindigkeit $\omega = \omega_k + \Delta\omega_k$ im Beharrungszustande nicht stabil ist, wenn $\Delta\omega_k$ nur klein ist gegen $\omega_k$. Der Grenzwert für $\Delta\omega_k$ liegt nach den an den angegebenen Stellen gemachten Ausführungen bei $(\Delta\omega_k)_{\text{Grenze}} = \omega_k \sqrt[3]{\dfrac{e^2}{2\,i^2}}$, wobei $e$ die Exzentrizität und $i$ der Trägheitshalbmesser der Schwungscheibe ist. Da $e$ im allgemeinen nur klein ist gegen $i$, ist $\Delta\omega_k$ nur klein gegen $\omega_k$ und das Instabilitätsgebiet erstreckt sich nur wenig über $\omega_k$ hinaus. In allen praktischen Fällen ist der Beharrungszustand der Scheibe bei Umlaufzahlen über der kritischen stabil.

**§ 39. Kritische Biegungsschwingungen der umlaufenden Scheibe als Folge von Drehzahlschwankungen.** Stodola hat in der Schweizerischen Bauzeitung 1917 auf eine eigentümliche Schwingungserscheinung aufmerksam gemacht, die durch das Gewicht bei der Umlaufzahl $\frac{\omega_k}{2}$ hervorgerufen wird. Er hat den Nachweis erbracht, daß durch das Gewicht Biegungsschwingungen bei der Drehzahl $\frac{\omega_k}{2}$ erregt werden, die allerdings nur bei sehr großer Exzentrizität bemerkt werden können. In einem Aufsatz in der „Zeitschr. f. d. ges. Turbinenwesen" 1918 habe ich die Größenordnung der Instabilität bei $\frac{\omega_k}{2}$ untersucht und festgestellt, daß zwar ein kritischer Impuls bei $\frac{\omega_k}{2}$ auftritt, daß dieser aber, wenn er durch das Gewicht hervorgerufen wird, so klein ist, daß er immer vernachlässigt werden kann. Die Ursache zu dieser kritischen Erscheinung ist die Drehzahlschwankung, die bei einem Umlauf durch das Gewicht hervorgerufen wird und im allgemeinen vernachlässigbar klein ist. Drehzahlschwankungen treten aber auch infolge anderer Ursachen — ungleichmäßiger Antrieb — auf und sie können dann unter Umständen so groß werden, daß sie störende Biegungsschwingungen auslösen. Nach einer weiteren Aussprache über das Thema in der Z.d.V.d.Ing. 1919, Seite 866, sind unter folgenden Umständen kritische Schwingungen zu erwarten:

Die Periodenzahl der Drehzahlschwankung sei $\delta$ (Perioden/Umdrehungen) — also z. B. bei einer Sechszylinder-Viertaktmaschine $\delta = 3$ — und die kritische Biegungsschwingungszahl der Welle $n_k = \frac{60\,\omega_k}{2\,\pi}$ Schwingungen/Min. Dann treten kritische Biegungsschwingungserscheinen auf, wenn die Umlaufzahl der Maschine $n$ gleich ist:

11.
$$n = \frac{n_k}{\delta \pm 1}.$$

Bei einer sechszylindrigen Viertaktmaschine ist also die kritische Drehzahl (herrührend von Drehzahlschwankungen) $n = \frac{n_k}{4}$ und $\frac{n_k}{2}$ und bei einer sechszylindrigen Zweitaktmaschine mit $\delta = 6$ ist die kritische Drehzahl $n = \frac{n_k}{7}$ und $n = \frac{n_k}{5}$. Im allgemeinen ist aber der kritische Impuls, der durch Drehzahlschwankungen ausgelöst wird, so gering, daß die Schwingungen nicht störend in die Erscheinung treten.

# VII. Schwingungsfestigkeit und Schwingungsrisse.

**§ 40. Schwingungsbeanspruchung.** In der Praxis des Ingenieurs ist die Betrachtung der Schwingungsvorgänge vor allem deshalb wichtig, weil durch unerwünscht auftretende Schwingungen Konstruktionsteile häufig Schaden leiden. Seltener sind vor allem für den Maschinen- und Bauingenieur (im Gegensatz zum Elektroingenieur) die Fälle, in denen man Schwingungen künstlich erzeugt, um aus ihnen praktischen Nutzen zu ziehen. Schwingungsbetrachtungen werden deshalb vom Ingenieur mehr aus vorbeugenden als aus spekulativen Rücksichten angestellt. Bei dieser Sachlage liegt es nahe, die Frage aufzuwerfen, welche nachteiligen Folgen denn Schwingungen haben können. Die Frage ist im ganzen leicht zu beantworten: Das Material wird bei übergroßer schwingender Beanspruchung mit der Zeit zerstört, und zwar genügt schon ein Bruchteil der Beanspruchung, die bei einmaliger Auftragung einen Riß herbeiführt, um das Material mit der Zeit bei Schwingungsbeanspruchung zum Bruch zu bringen.

In der Festigkeitslehre, die sich eingehend mit diesen Fragen zu befassen hat, wird deshalb unterschieden zwischen der Bruchfestigkeit, der Ursprungsfestigkeit und der Schwingungsfestigkeit eines Materials. Unter Bruchfestigkeit ($\sigma_{Br}$) versteht man dabei die Beanspruchung, die nötig ist, um einen Normalstab, der aus dem betreffenden Material hergestellt ist, zum Abreißen zu bringen. Bei der Ursprungsfestigkeit $\sigma_u$ wird vorausgesetzt, daß die Belastung zwischen Null und einem Höchstwert $\sigma_u$ dauernd schwankt; $\sigma_u$ ist der Grenzwert, den das Material bei beliebig häufigem Wechsel eben noch aushalten kann, ohne Schaden zu leiden. Die Schwingungsfestigkeit $\sigma_s$ endlich ist der Grenzwert, den das Material bei beliebig häufigen Belastungswechseln zwischen $+\sigma_s$ und $-\sigma_s$ ohne Zerstörungsanzeichen ertragen kann. Wechselnde Beanspruchung zwischen einem positiven und negativen Maximum tritt, wie wir im vorausgehenden kennengelernt haben, vor allem bei Schwingungen auf. Man nennt deshalb diese Beanspruchungsart Schwingungsbeanspruchung; im nachfolgenden befassen wir uns nur mit ihr.

Neben der Bruchfestigkeit und -dehnung ist die Schwingungsfestigkeit die wichtigste Größe, die dem Konstrukteur zur richtigen Ausnutzung der Materialien zur Verfügung stehen sollte, da wechselnde Beanspruchung bei sehr vielen Konstruktionsteilen — nicht nur bei solchen, die auf Schwingungen beansprucht sind — auftritt. Tatsächlich bereitet aber die Feststellung der Schwingungsfestigkeit erhebliche Schwierigkeiten, so daß man im allgemeinen die Schwingungsfestigkeit nicht zur Wertung der Materialien heranzieht und den Konstrukteur zwingt, statt der Schwingungsfestigkeit die Bruchfestigkeit bei den Berechnungen zugrunde zu legen. Das ist ein arger Notbehelf. Denn tatsächlich hängt die Haltbarkeit eines wechselnder Beanspruchung ausgesetzten Maschinenteils nicht von der Bruchfestigkeit, sondern von der wesentlich niedrigeren Schwingungsfestigkeit ab: der Maschinenteil geht nicht entzwei, solange die Schwingungsfestigkeit an **keiner Stelle** überschritten wird. Man berücksichtigt allerdings diesen Umstand in der Praxis, indem man beim Rückschließen von der Bruchfestigkeit auf die zulässige Beanspruchung eine entsprechend hohe Sicherheitszahl zugrunde legt. Das Verfahren ist aber nicht einwandfrei, weil Bruchfestigkeit $\sigma_{Br}$ und Schwingungsfestigkeit $\sigma_s$ nicht in einem bestimmten, sondern für die verschiedenen Baustoffe verschiedenen Verhältnisse zueinander stehen. Wir werden an den Versuchsergebnissen sehen, daß das Verhältnis $\sigma_s : \sigma_{Br}$ z. B. für Edelstahl ein ganz anderes ist als für gewöhlichen Stahl oder gar für Bronze.

**§ 41. Die Biegungsschwingungsfestigkeit.** Die vorstehenden Überlegungen zeigen, wie wichtig die Feststellung der Schwingungsfestigkeit ist, so daß die nachfolgenden Untersuchungen aus

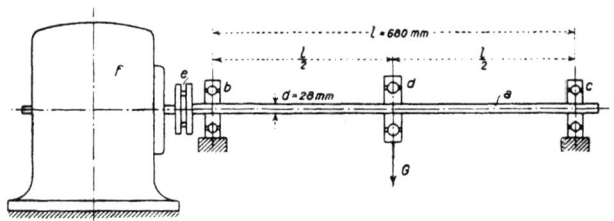

Abb. 63. Versuchsanordnung zur Bestimmung der Biegungsschwingungsfestigkeit eines umlaufenden Stabes.

diesem Gebiet, die im Laboratorium des Verfassers angestellt worden sind, einiges Interesse beanspruchen dürfen. Bevor wir auf die Versuchsergebnisse selbst eingehen, wollen wir uns erst mit der Versuchseinrichtung des Verfassers und mit den damit gewonnenen Erfahrungen befassen.

Die Versuchsanordnung. Versuche zur Bestimmung der Schwingungsfestigkeit eines Materials sind schon oft angestellt worden. Bei der bekanntesten Einrichtung dieser Art, die schon von Wöhler in der zweiten Hälfte des vorigen Jahrhunderts benutzt worden ist, wird ein umlaufender Stab durch eine angehängte Last auf Biegung beansprucht. Beim Umlaufen ist eine Faser des Stabes, wenn sie unten liegt, auf Zug, in der oberen Lage auf Druck von gleicher Größe beansprucht. Der Belastungswechsel wird also hier nicht durch Schwingungen, sondern durch den Umlauf des wechselnder Beanspruchung ausgesetzten Stabes hervorgerufen. Eine Anordnung der von Wöhler benutzten Art hat auch den Versuchen des Verfassers zugrunde gelegen; wir wollen uns an Hand der Abb. 63 etwas näher mit ihr befassen.

Ein Stab $a$ ist an seinen Enden in Kugellagern[1]) $b$ und $c$ drehbar gehalten. In seiner Mitte trägt er ein weiteres Kugellager $d$ (Abb. 64), an dem ein Gewicht $G$ hängt. Durch $G$ wird der Stab auf Biegung beansprucht; das größte Moment tritt in der Mitte auf und es wird, wenn dafür gesorgt ist, daß der Stab durch die Kugellager $b$ und $c$ nicht eingespannt ist, $M_{max} = \dfrac{G}{2} \cdot \dfrac{l}{2}$.

Vom linken Ende aus wird der Stab unter Zwischenschaltung einer elastischen Kupplung $e$ durch einen Motor $f$ angetrieben. Jede Faser des Stabes bei $d$ ist durch das Moment $M_{max}$, wenn sie unten liegt, auf Zug und, wenn sie nach einer halben Umdrehung oben liegt, auf Druck beansprucht.

Der Durchmesser der Versuchstäbe betrug 28 mm, die Länge $l$ zwischen den Stützlagern $b$ und $c$ 680 mm.

Der Stab wurde mit steigender Last $G$ solange beansprucht, bis er einriß. Sobald ein Riß an der Oberfläche festgestellt werden konnte, wurde er, um die Einrißstelle möglichst unversehrt zu erhalten, in der Zerreißmaschine vollständig abgerissen. Es entstanden dabei die in den Abb. 65, 66, 67 und 68 wiedergegebenen Bilder, in denen deutlich zu erkennen ist, wie tief ins Material der Schwingungsbruch fortgeschritten war und welche Materialteile erst in der Zerreißmaschine getrennt worden sind.

Als ich im Oktober 1920 die in Abb. 63 dargestellte Versuchseinrichtung von Herrn Geheimrat Schöttler, der auf Anregung von Prof. A. Hofmann schon während des Krieges Schwingungsversuche ausgeführt hatte, übernahm, glaubte ich mit der Untersuchung der einzelnen Materialsorten direkt anfangen zu können, um brauchbare Versuchswerte für die Schwingungsfestigkeit zu erhalten. Ich mußte bald feststellen, daß ich mich in einem Irrtum befand.

---

[1]) Die Kugellager waren außergewöhnlich hoch beansprucht. Am besten bewährt haben sich bei diesen Versuchen die Kugellager der Firma Fichtel und Sachs in Schweinfurt.

Die ersten Versuche[1]) lieferten Zahlen für die Schwingungsfestigkeit von Edelstählen zwischen 18 und 20 kg/mm², d. h., wenn die Belastung über 20 kg/mm² lag, brachen die Stäbe, wenn auch erst nach viel millionenfacher Beanspruchung, entzwei, und nur wenn die Belastung unter 18 kg/mm² lag, konnte beliebig langer Betrieb (hundert Millionen Umdrehungen und beliebig mehr) aufrecht erhalten werden. Der so gewonnene Wert für die Schwingungsfestigkeit von 18 bis 20 kg/mm² war aber viel zu niedrig. Wie sich später herausstellte, waren die Versuchsergebnisse durch störende Nebenumstände beeinflußt, nach deren Beseitigung die Schwingungsfestigkeit für die gleichen Edelstahlsorten auf 36 bis 45 kg/mm² stieg. Da diese störenden Nebenumstände auch für die Praxis wesentliche Bedeutung haben, wollen wir uns eingehender mit ihnen befassen.

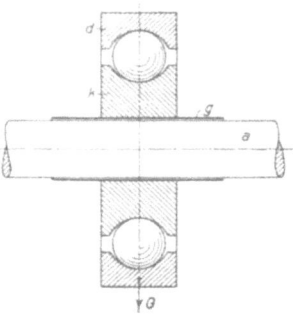

Abb. 64. Mittellager.

Im wesentlichen waren es 3 Umstände, durch deren Berücksichtigung die Beanspruchung des Stabes in der vorhin angegebenen Weise erhöht werden konnte:

1. Ursprünglich lag der innere Laufring $k$ des mittleren Kugellagers $d$ hart auf dem Stab auf (Abb. 64). Bei der Berechnung wurde gleichmäßige Verteilung des Auflagedruckes über die Auflagefläche vorausgesetzt und unter dieser Annahme die Spannung infolge der Auflagerung so gering gefunden, daß sie gegenüber der durch die Biegung hervorgerufenen Beanspruchung vernachlässigt werden konnte. Tatsächlich konnte aber die Auflagefläche gar nicht so genau bearbeitet werden, daß alle Teile gleichmäßig trugen, sondern der Auflagedruck wurde durch wenige eng begrenzte Flächen übertragen, in denen die durch die Auflagerung hervorgerufenen Spannungen von gleicher Größenordnung wie die Biegungsspannungen wurden.

Die bei den ersten Versuchen aus der reinen Biegungsbeanspruchung errechnete Größtspannung von 18 bis 20 kg/mm² wurde also durch in ihrer Größe unbekannte zusätzliche Auflagerungsspannungen so stark erhöht, daß der schließlich eingetretene Bruch mehr eine Folge der letzteren als der ersteren war.

Um die örtlichen Spannungserhöhungen zu beseitigen, wurde zwischen Stab $a$ und Auflagerung $k$ eine etwa 1 mm starke Papier-

---
[1]) Eingehender Versuchsbericht in der Dissertation von H. Dohms, Braunschweig, Techn. Hochschule, 1923.

beilage $g$ (Abb. 64) gebracht, durch die ein Ausgleich in der Spannungsverteilung erzielt wurde. Die Folge dieser Maßnahme war, daß die Risse, die ursprünglich stets innerhalb des Druckrings ansetzten, jetzt mitunter außerhalb auftraten und daß die Last $G$ (Abb. 63) etwa auf das 1,5fache gesteigert werden konnte.

Diese Überanstrengung des Materials an einer eng umschränkten Stelle tritt nur bei oftmaligem Belastungswechsel störend in die Erscheinung. Bei einmaliger Beanspruchung tritt an den überanstrengten Stellen eine bleibende Formänderung auf, die einen Spannungsausgleich herbeiführt und die die Bruchfestigkeit kaum beeinträchtigt. Bei wechselnder Beanspruchung wird aber die immer wieder überanstrengte Stelle zerstört.

Für die Praxis ist das vorstehende Ergebnis wichtig, da auch die einzelnen Teile an ausgeführten Maschinen in vielen Fällen hart auf hart aufeinander wirken. Dabei ist in der Regel die Spannungsverteilung durchaus nicht so gleichmäßig, wie das bei der Rechnung angenommen wird. Es wird im Gegenteil eine Stelle, die etwa ein wenig vorsteht, besonders hohe Spannungen auszuhalten haben. Bei einmaliger Beanspruchung wird dadurch das Ergebnis kaum beeinflußt: das am höchsten beanpsruchte Materialgebiet wird über die Elastizitätsgrenze hinaus gereckt, gibt infolgedessen nach und sorgt so selbsttätig für den Spannungsausgleich. Bei Schwingungsbeanspruchung wird aber das über die Elastizitätsgrenze gestreckte Material infolge der oftmaligen Wiederholung der Beanspruchung nicht bleibend gereckt, sondern zerstört. Diese ungleichmäßige Spannungsverteilung, die bei der Berechnung nicht berücksichtigt wird, tritt z. B. bei Schraubenverbindungen in hohem Maße auf. Deshalb gehen Schraubenverbindungen (etwa die Befestigung des Deckels einer Dampfmaschine) nicht bei der ersten Überanstrengung (also beim Anziehen der Schrauben), sondern erst nach vielmaligem Belastungswechsel entzwei, wenn sie überlastet waren.

2. Um einwandfreie Ergebnisse zu erhalten, mußten Stöße möglichst vermieden werden. Zu diesem Zweck wurde der Stab mit einem Ruthardtschen Schlagmesser täglich neu ausgerichtet und dafür gesorgt, daß der Schlag möglichst nicht über 0,1 mm betrug. Die Kraftübertragung wurde durch eine zweibackige Kupplung mit Gummipuffern so gleichmäßig wie möglich gemacht. Da sich der Stab unter der Last durchbog, wurde der Motor ein wenig nach dem Stabende zu geneigt, so, daß die Motorachse mit der Tangente an das Stabende in eine Richtung fiel.

3. Bei den zuerst durchgebrochenen Stäben wurde die Ausgangsstelle für den Schwingungsbruch untersucht. Es konnte

immer festgestellt werden, daß eine leichte Oberflächenbeschädigung vorhanden war, von der der Schwingungsbruch seinen Ausgang nahm; selbst gröbere Polierschrammen drückten die zulässige Beanspruchung herunter. Es mußte deshalb dafür gesorgt werden, daß die Stäbe möglichst glatt geschliffen waren und daß sie beim Einbauen in die Maschine keine harten Stöße (auch keine scheinbar geringfügigen) erlitten. Durch die Maßnahmen zu 2 und 3 wurde die Schwingungsfestigkeit für Edelkonstruktionsstähle auf 36 bis 45 kg/mm je nach Sorte gebracht.

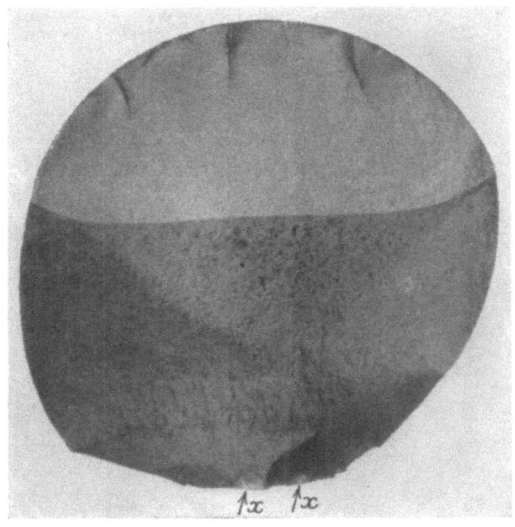

Abb. 65. Oben Schwingungsbruch, unten Zerreißbruch. Stellen $x, x$ beginnende Schwingungsbrüche, ausgehend von Oberflächenbeschädigungen.

Die unter 2 und 3 genannten Maßnahmen haben ebenfalls große praktische Bedeutung. Stöße und Erschütterungen im Betrieb oder leichte Oberflächenbeschädigungen sind in der Praxis oft Ursachen für Schwingungsbrüche, die durch die überschlägigen Betrachtungen über Spannungsverteilung nach den Lehren der Festigkeitslehre nicht erklärt werden können.

Ausbildung der Schwingungsbrüche. Es wurde versucht, Schwingungsbrüche möglichst im Entstehen festzustellen und über die Fortschreitungsgeschwindigkeit Aufschluß zu erhalten. Zu diesem Zweck wurde mit der Versuchseinrichtung eine elektrische Ausschaltvorrichtung verbunden, die die Stromzuführung zum antreibenden Motor unterbrach, sobald die Durchbiegung des Stabes, die unter der normalen Last etwa 5 mm betrug, um 0,1 mm größer wurde. Wenn dann an einem Stab, der durch die Ausschaltvorrichtung außer Betrieb gesetzt worden war, der feinste Haarriß festgestellt werden konnte, wurde er in der Werdermaschine abgerissen. Wie Abb. 65 bis 67 erkennen läßt, ist das Gebiet, in dem der Riß durch Schwingungsbeanspruchung hervorgerufen worden war, von dem Gebiet, in dem die Trennung

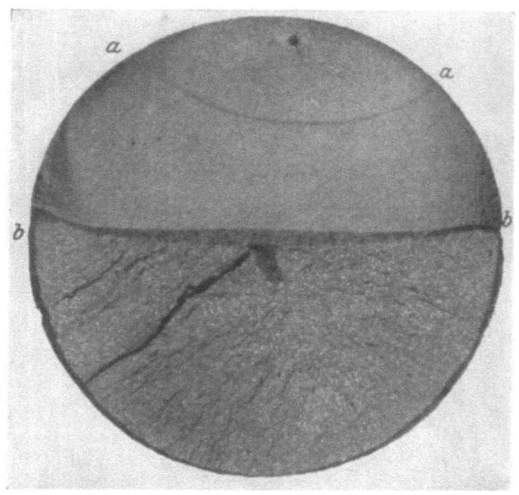

Abb. 66. Schwingungsbruch, ausgehend von einer Fehlstelle im Material. a—a Begrenzung des Bruchs nach 10 Mill. Schwingungen; b—b Grenzlinie nach weiteren 5600 Schwingungen mit gleicher Last.

des Materials erst in der Zerreißmaschine — also mit einmaliger Belastung — erfolgt ist, leicht zu unterscheiden: der Schwingungsbruch zeigt ein sammetartiges, feinkörniges Gefüge, während der Zerreißbruch grobe Flächen aufweist. Es wurde das Ergebnis erhalten, daß Schwingungseinrisse, die sich auf weniger als ein Viertel bis ein Drittel der Querschnittsfläche erstreckten, mit dem bloßen Auge trotz sorgfältiger Untersuchung nicht festgestellt werden konnten. Der Stab (Abb. 66) war z. B. bis zur Linie a—a in der Maschine (Abb. 63) eingebrochen. Die elektrische Ausschaltvorrichtung schaltete den Motor ab. Der Stab wurde ausgebaut

Biegungsschwingungsfestigkeit. 107

und seine Oberfläche sorgfältig nach Rissen untersucht. Da nichts gefunden werden konnte, wurde der Stab wieder eingebaut und die Maschine in Betrieb genommen. Aber schon nach kurzer Zeit wurde der Motor wieder selbsttätig abgeschaltet. Der Schwingungsbruch, der sich jetzt auch an der Oberfläche deutlich erkennen ließ, war, wie nach dem Abreißen des Stabes in der Werdermaschine festgestellt werden konnte, bis zur Mitte des Stabes (Linie $b$—$b$) vorgedrungen. Nachträglich konnte auch die Linie $a$—$a$,

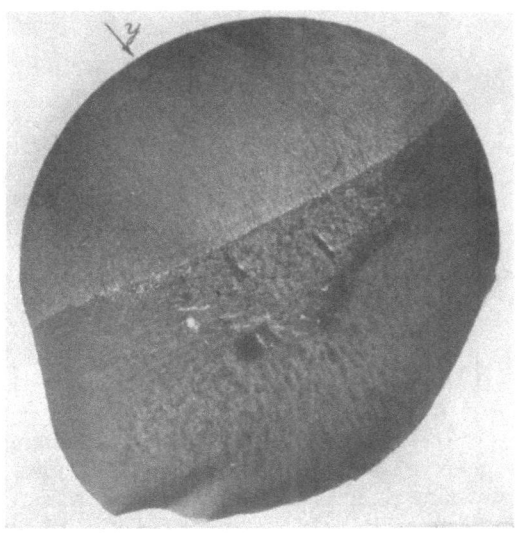

Abb. 67. Schwingungsbruch, ausgehend von Fehlstelle $y$. Durchmesser der Fehlstelle 0,1 mm, Abstand vom Rand 0,6 mm.

die sich durch die Unterbrechung des Betriebes abgezeichnet hatte, festgestellt werden.

Mitunter traten Schwingungsbrüche gleichzeitig an verschiedenen Stellen eines Stabes auf. Einer dieser mehreren Schwingungseinrisse bildete sich dann soweit aus, daß er äußerlich bemerkbar wurde und das Ausbauen des Stabes zur Folge hatte. Beim Abreißen des Stabes in der Werdermaschine wurden dann neben dem Hauptschwingungsbruch auch die kleinen Einrisse mit freigelegt. So zeigt Abb. 65 ein Bild mit einem großen Schwingungsbruch oben und mit mehreren kleinen Schwingungsbrüchen unten (Stellen $x$). Die kleinen Schwingungsbrüche lassen erkennen,

108    Schwingungsfestigkeit und Schwingungsrisse.

auf welche Weise ein Schwingungsbruch ins Innere des Materials vordringt: Er hat zuerst die Form eines Halbkreises mit der schadhaften Stelle als Mittelpunkt. Mit größerem Anwachsen verflacht sich die Begrenzungskurve; sie geht schließlich etwa in eine gerade Linie über, wenn der Schwingungsbruch die Hälfte der Querschnittfläche erreicht hat.

Wir wollen auch hier wieder die Nutzanwendung für die Praxis suchen: Wenn ein Maschinenteil durch wechselnde Belastung

Abb. 68. Durch Schwingungsbeanspruchung zerstörtes Kesselblech.
Halbkreisförmige Schwingungseinrisse $x$, $x$.

entzwei geht, werden wir ebenfalls einen von der Oberfläche ausgehenden halbkreisförmigen Bruch zu erwarten haben. Als Beispiel sei auf Abb. 68 verwiesen, die den Bruch eines Kesselbleches zeigt. Das Kesselblech, das zu einer Dampfspeicher-Lokomotive gehörte, ist beim jedesmaligen Aufladen der Lokomotive belastet und beim Entladen entlastet worden. Der Kessel wurde jeden Tag mehrmals geladen und leergefahren. Nach mehrjährigem Betrieb ist er auseinandergeflogen[1]), wobei die Bruchstücke die halbkreisförmigen Schwingungsbrüche der Abb. 68 (Stellen $x$) erkennen ließen. Die Zerstörung ist also auch hier durch wechselnde Beanspruchung erfolgt und von einer schadhaften Stelle der Oberfläche ausgegangen. Der Schwingungsbruch hat sich nach dem Innern zu halbkreisförmig ausgebreitet, bis das Material so geschwächt war, daß die Bruchfestigkeit überschritten wurde. Dann ist das Blech plötzlich im ganzen aufgerissen.

Schwingungsbrüche bilden sich aber nur dann halbkreisförmig von einer Stelle nach dem Innern zu aus, wenn die Überanstrengung des Materials ähnlich ist, wie beim vorliegenden Versuch, d. h. wenn das Material auf ein größeres Gebiet in einer sich

---
[1]) Nähere Angaben über den Bruch siehe Zeitschrift des Bayr. Revisionsver., Zerknall einer feuerlosen Lokomotive in den Deutschen Werken in Druchau 1921 (Bericht von A. Föppl) und 1923 (M. v. Schwarz).

## Biegungsschwingungsfestigkeit. 109

oftmals wiederholenden Weise überlastet wird. Wenn dagegen ein Bruch an einer Spindel, Welle usw. nach mehrjährigem Betrieb auftritt, so sieht der Dauerbruch auch oft wesentlich anders aus als die Abb. 65 bis 67 erkennen lassen: es hat sich oft ein ringförmiger Einriß gebildet, der rings um den Zapfen herumläuft (Abb. 69). Diese Art des Einreißens kommt durch Stöße zustande, die an dem Maschinenteil bei besonders ungünstigen Belastungsverhältnissen plötzlich auftreten und bei denen jeweils die Stelle einreißt, die im Augenblick des Stoßes gerade die größte Belastung auszuhalten hat. Die vielen sich wiederholenden Stöße, die schließlich den Bruch herbeiführen, werden je nach der augenblicklichen Zapfenstellung bald die, bald jene Stelle überanstrengen. Die Folge davon ist, daß der Riß den ganzen Umfang des Zapfens überzieht. Brüche, ähnlich dem in Abb. 69 dargestellten, werden z. B. mit dem Kruppschen Dauerschlagwerk erhalten, bei dem der Probestab durch Stöße immer wieder an anderen Stellen des gefährdeten Querschnitts überanstrengt wird.

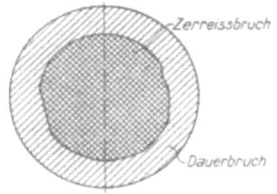

Abb. 69. Dauerbruch einer Spindel.

Fortschrittsgeschwindigkeit des Schwingungsbruches. Solange der Einriß noch klein ist, schreitet der Bruch langsam voran. Mit größer werdendem Einriß wächst dann auch die Fortschrittsgeschwindigkeit. Im vorausgehenden ist erwähnt, daß mitunter die Ausbildung eines Bruches für einige Stunden unterbrochen worden ist und daß sich dabei eine scharf abgezeichnete Linie wie a—a in Abb. 66 gebildet hat. Da der Drehzählerstand zur Zeit der Unterbrechung und der zur Zeit der Beendigung des Versuches aufgeschrieben werden konnte, war leicht festzustellen, wieviele Umdrehungen (d. h. wieviele Belastungswechsel) nötig waren, um den Schwingungsbruch von der Linie a—a bis zur Linie b—b (Abb. 66) vorzutreiben. In Abb. 66 waren z. B. 10,8 Mill. Umdrehungen mit ungeänderter Belastung verstrichen, bis der Schwingungsbruch die Linie a—a erreicht hatte. Nach weiteren 5400 Umdrehungen war der Bruch schon bis an die Linie b—b fortgeschritten. Äußerlich macht sich die Fortschreitungsgeschwindigkeit dadurch bemerkbar, daß die Korngröße um so feiner ist und das Bruchbild einen um so sammetartigeren Eindruck macht, je langsamer der Bruch voranschreitet. So hatte z. B. ein Bruch, der erst nach 14 Millionen Umdrehungen mit gleicher Last sichtbar wurde, namentlich an den Ausgangsstellen ein äußerst feinkörniges Gefüge. Die Zahlen zeigen im übrigen, daß die in der

110 Schwingungsfestigkeit und Schwingungsrisse.

Literatur oft vertretene Ansicht, als ob Haltbarkeit bei 1 Million Belastungswechsel gleichbedeutend sei mit dauernder Haltbarkeit, nicht zutrifft.

**Materialfehler.** Es ist bekannt, daß Ungleichheiten in der äußeren Form, wie z. B. scharfe Übergänge, Anbohrungen, Oberflächenbeschädigungen, auf die Festigkeit eines Maschinenteils, der wechselnder Beanspruchung ausgesetzt ist, einen ungünstigen Einfluß ausüben. In welchem Maße aber die Haltbarkeit durch

Abb. 70. Fehlstelle $y$ von Abb. 67 in 55 facher Vergrößerung.

innere Ungleichheiten — vor allem durch mikroskopisch kleine Materialfehler — beeinträchtigt wird, darüber sind noch keine Versuche angestellt worden. Von vornherein ist ja klar, daß grobe Fehlstellen, z. B. Gußblasen, durch die der Querschnitt wesentlich verringert wird, die Festigkeit des Stückes stark erniedrigen werden. Daß aber auch kleine Fehlstellen, die auf den Querschnitt so gut wie keinen Einfluß haben und die deshalb die Festigkeit des Stückes bei einmaligem Abreißen nicht beeinträchtigen, die Schwingungsfestigkeit wesentlich erniedrigen können, ist bei den Versuchen festgestellt worden. Es handelt sich um 2 Stäbe, bei denen der Schwingungsbruch nicht von

## Biegungsschwingungsfestigkeit. 111

der Oberfläche, sondern beide Male von einer kleinen Fehlstelle im Innern des Materials ausgegangen ist.

Der erste Bruch mit der Fehlstelle ist in Abb. 67 (Stelle $y$) und in 50facher Vergrößerung in Abb. 70 dargestellt. Die Fehlstelle hatte einen Durchmesser von etwa 0,1 mm und war 0,6 mm von der zylindrischen Oberfläche entfernt. Da der Halbmesser des Stabes 14 mm betrug, war bei linearer Spannungsverteilung die Spannung an der Fehlstelle um $0,6 : 14 \cdot 100 = 4\%$ geringer als am Umfang. Trotzdem ist der Riß nicht vom Umfang, sondern von der Fehlstelle, die vollständig von gesundem Material umschlossen war, ausgegangen. Er ist dann sehr langsam, wie die feinkörnige Struktur erkennen läßt, etwa auf einer Kreisfläche mit der Fehlstelle als Mittelpunkt fortgeschritten, bis seine äußeren Ausläufer den Stabumfang erreicht hatten. Dann ist die Randpartie eingebrochen und der Riß ist rascher vorgedrungen. Das Gebiet mit der geringen Rißfortschrittsgeschwindigkeit in der Umgebung der Fehlstelle ist in Abb. 70 durch die hellere Kreisfläche mit etwa 50 mm Durchmesser hervorgehoben. Es scheint eine Eigentümlichkeit der Schwingungsbrüche, die von inneren Fehlstellen ausgehen, zu sein, daß sie langsam fortschreiten.

Der zweite Bruch, der von einer Fehlstelle ausgegangen ist, ist in Abb. 66 dargestellt. Die Fehlstelle hatte hier etwa 0,4 mm Durchmesser und sie lag 1,4 mm von der Oberfläche entfernt. Die Spannung in der Umgebung der Fehlstelle war also bei linearer Spannungsverteilung schon um 10% geringer als am Umfang. Da der Riß von der Fehlstelle, nicht von einer um 10% höher beanspruchten Stelle des Umfangs, ausgegangen ist, ist die Erniedrigung der Festigkeit des Materials infolge der 0,4 mm ausgedehnten Fehlstelle mehr als 10%.

**Die Schwingungsfestigkeit verschiedener Materialsorten.** Die Schwingungsfestigkeit ist maßgebend für die Haltbarkeit vieler Maschinenteile. Es wäre vor allem wichtig, eine Beziehung zwischen Schwingungsfestigkeit und den beim gewöhnlichen Zerreißversuch feststellbaren Größen (Proportionalitätsgrenze, Elastizitätsgrenze, Bruchfestigkeit) aufzustellen. Eine feststehende Beziehung konnte nicht ermittelt werden. Nur soviel war sicher, daß die Schwingungsfestigkeit unterhalb der Elastizitätsgrenze und der Proportionalitätsgrenze, die im übrigen für die meisten Materialien nicht streng festgestellt werden können, gelegen war. Auf alle Fälle erwies sich die in der Praxis vielfach verbreitete Ansicht, die Schwingungsfestigkeit stehe in einem bestimmten Verhältnis $\nu$ zur Bruchfestigkeit — gewöhnlich wird $\nu = 1/3$ angegeben — als nicht stichhaltig. Die Schwingungsfestigkeit scheint im Gegenteil mehr von der Elastizitätsgrenze als von der Bruchfestigkeit abzuhängen. Auch die von R. Stribeck-Stuttgart (Z. d. V. d. Ing. 1923, S. 631) auf Grund von Versuchsergebnissen, die an anderen Stellen erhalten worden sind, gewonnene Formel, nach der die Schwingungsfestigkeit verhältnisgleich der Summe aus Bruchfestigkeit und Streckgrenze sein soll, ist bei den Versuchen des Verfassers nicht bestätigt worden. Außer Bruchfestigkeit und Streckgrenze hat auch die Bruchdehnung Einfluß auf die Größe der Schwingungsfestigkeit.

Die Versuche wurden vor allem an Stäben aus Edelstahl verschiedener Legierung — reine Kohlenstoffstähle, Siliziumstähle, Nickelstähle, Chrom-Nickelstähle — vorgenommen. Die Versuchsergebnisse sind in der Dissertation von Dr. Ing. Dohms (Braunschweig 1923) veröffentlicht worden. Zusammenfassend können für die Konstruktionsstähle etwa folgende Zahlenwerte genannt werden: Bruchfestigkeit 70—85 kg/mm², Bruchdehnung 11—16%, Elastizitätsgrenze 55—72 kg/mm² und zugehörige Schwingungsfestigkeit 36—44 kg/mm². Das beste Ergebnis wurde bisher mit dem Konstruktionsstahl $E$ 724 der Bergischen Stahlindustrie in Remscheid erhalten, der nach einer bestimmten Wärmebehandlung folgende Schwingungsbeanspruchungen ausgehalten hat: mit $\sigma = 39$ kg/mm² 17,1 Mill., mit $\sigma = 40$ kg/mm² 17,6 Mill., mit $\sigma = 41$ kg/mm² 17,0 Mill., mit $\sigma = 42$ kg/mm² 22,2 Mill., mit $\sigma = 43$ kg/mm² 20,4 Mill., mit $\sigma = 44$ kg/mm² 20,4 Mill. Umdrehungen. Nach der Erhöhung der Belastung auf $\sigma = 45$ kg/mm² ist der Stab nach 17,8 Mill. Umdrehungen zu Bruch gegangen. Die Schwingungsfestigkeit für das Material liegt also nur wenig unter 45 kg/mm², da die lange Zeit, die der Stab bis zum Einbrechen mit der Belastung von $\sigma = 45$ kg/mm² gelaufen ist, darauf schließen läßt, daß die Schwingungsfestigkeit nur wenig überschritten war. Für die gute Bewertung des Materials ist aber außer dieser Zahl noch die Bruchdehnung maßgebend.

Außer den Edelstählen sind auch noch andere Materialien untersucht worden. Vor allem ist ein Vergleichsversuch zwischen der Schwingungsfestigkeit eines gewöhnlichen Stahlstabes und der eines Bronzestabes von etwa gleicher Festigkeit und Dehnung angestellt worden.

|  | Zerreißfestigkeit kg/mm² | Streckgrenze kg/mm² | Bruchdehnung in % | Schwingungsfestigkeit kg/mm² | $\nu$ |
|---|---|---|---|---|---|
| Edelstahlstab . . . | 70—85 | 55—72 | 11—16 | 36—44,5 | 1 : 1,9 |
| Stahlstab . . . . . | 51 | — | 30 | 20 | 1 : 2,5 |
| Bronzestab . . . . | 51 | — | 30 | 13 | 1 : 4 |

Biegungsschwingungsfestigkeit. 113

Die Tabelle zeigt, wie irrig es ist, aus den Ermittlungen, die mit dem Zerreißversuch gewonnen werden, auf die Festigkeit des Materials bei wechselnder Beanspruchung schließen zu wollen. Denn Bruch-Festigkeit und -Dehnung sind für den Stahlstab und den Bronzestab etwa gleich groß. Bei Schwingungsbeanspruchung hält dagegen der Bronzestab nur das 0,65fache dessen aus, was der Stahlstab vertragen kann. Besonders groß wird der Unterschied im Verhältnis $\nu$ zwischen Schwingungsfestigkeit und

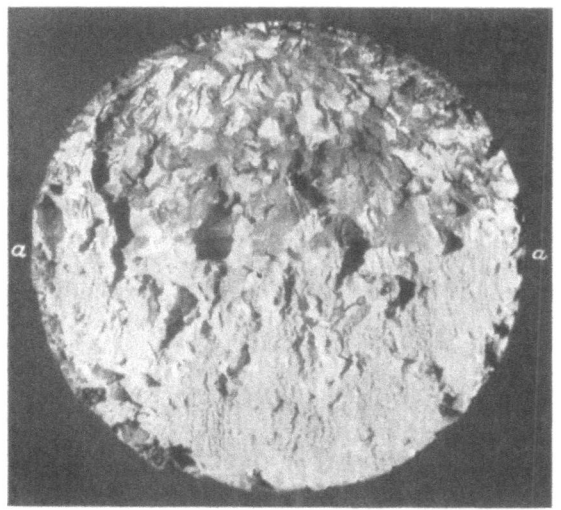

Abb. 71. Bronzestab. Oberhalb Linie $a$—$a$ Schwingungsbruch; unterhalb Zerreißbruch.

Bruchfestigkeit, wenn man die Bronze mit Edelstahl vergleicht: Für jene ist dieses Verhältnis etwa 1 : 4, für Edelstahl dagegen bloß etwa 1 : 1,9.

Das Aussehen des Schwingungsbruches gibt auch Aufschluß, warum die Bronze eine im Vergleich zur Bruchfestigkeit so niedrige Schwingungsfestigkeit hat. Die Bronze war, wie auch schon die Festigkeitszahlen erkennen lassen, von ganz vorzüglicher Qualität; sie war hergestellt von den Harburger Eisen- und Bronzewerken. Der Zerreißbruch (s. Abb. 71 unten) zeigt ein vollkommen gleichmäßiges und sehr feinkörniges Gefüge. Der Schwingungsbruch (Abb. 71 oben) läßt erkennen, daß im Material wirr durcheinanderlaufende grobe Kristallflächen vorhanden sind.

## 114 Schwingungsfestigkeit und Schwingungsrisse.

Der Zerreißbruch verläuft nicht längs dieser Flächen; beim Zerreißen werden die Kristalle zerstört. Für den Schwingungsbruch dagegen sind die Kristalle als Flächen kleinsten Widerstandes maßgebend, längs denen der Bruch langsam fortschreiten kann. Um ein Material widerstandsfähig gegen Schwingungsbeanspruchung zu machen, ist es also wichtig, das Gefüge möglichst feinkörnig zu gestalten. Die im Verhältnis zur Bruchfestigkeit hohe Schwingungsfestigkeit bei Edelstahl wird vor allem dadurch hervorgerufen, daß bei der Herstellung des Edelstahls auf die Ausbildung eines möglichst feinkörnigen Gefüges besondere Sorgfalt verwendet wird.

**§ 42. Die Drehschwingungsfestigkeit.** Neben der wechselnden Beanspruchung normal zur Fläche interessiert auch die wechselnde Beanspruchung in Flächenrichtung (Schubspannung); sie tritt vor allem bei umlaufenden auf Verdrehen beanspruchten Wellen auf, und zwar in besonders gefährlichem Maße dann, wenn die Schwungmassen, die auf der Maschinenwelle sitzen, die in § 12 behandelten und in der Praxis so gefürchteten Drehschwingungen ausführen.

Auch über die Drehschwingungsfestigkeit der Materialien liegen noch wenige Erfahrungen und Versuche vor. Der Verfasser ist deshalb gezwungen, über eigene Versuche zu berichten, die er zur Klärung der Frage angestellt hat.

Nach den Ergebnissen mit der Biegungsschwingungseinrichtung hat sich der Verfasser beim Bau der Drehschwingungseinrichtung bemüht, möglichst alle störenden Einflüsse — Stöße, Druckstellen usw. — von vornherein auszuschalten.

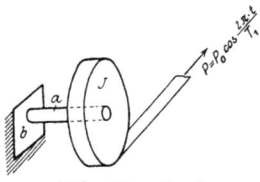

Abb. 72. Drehschwingungsanordnung.

Das läßt sich am besten dadurch erreichen, daß der Versuchsstab durch einen verhältnismäßig kleinen periodischen Impuls in Resonanzdrehschwingungen versetzt wird, eine Anordnung, bei der besonders gut die bei Drehschwingungen in der Praxis auftretende Beanspruchungsart nachgeahmt wird.

Die Versuchsanordnung ist in Abb. 72 dargestellt. Der Versuchsstab $a$ ist als Welle ausgebildet und an einem Ende $b$ festgehalten. Am anderen Ende trägt er die Schwungmasse $J$. Die Welle ist gut gelagert, so daß sie sich nicht durchbiegen kann. Das System $aJ$ kann Eigen-Verdrehungsschwingungen ausführen, deren Dauer $T_1$ sich in bekannter Weise berechnen läßt. Auf die Schwungscheibe $J$ wirkt eine periodische Kraft im Rhythmus der Eigenschwingungszahl. Die Größe der Kraft $P$ wird so geregelt, daß ein bestimmter Ausschlagwinkel $\varDelta \varphi_0$, dem eine Schubspannung $\tau_{max}$ entspricht, erhalten wird. Damit die Kraft $P$ nicht zu klein ausfällt (bei Resonanz bringt ja schon ein kleiner Impuls einen großen Ausschlag hervor), wirkt auf die Schwungscheibe $J$ eine Bremsvorrichtung ein, die bei jeder Schwingung einen Teil der Energie vernichtet. Die Größtwerte von Kraft $P$ und Winkel $\varDelta \varphi$ sind bei Resonanz um 90° phasenverschoben. Der Phasenverschiebungswinkel wird zur Regelung der Periode der antreibenden Kraft $P$ benutzt, die immer genau gleich der Schwingungsperiode gehalten wird. Eine weitere Vorrichtung dient zur genauen Bestimmung des maximalen Ausschlagwinkels.

Die Versuche werden in gleicher Weise durchgeführt wie die Biegungsschwingungsversuche, d. h. es wird mit einem Ausschlagwinkel $\varDelta \varphi_0$ oder einer größten Schubspannung $\tau_0$ begonnen, mit der eine bestimmte Anzahl Schwingungen (z. B. 1 Million) ausgeführt werden. Dann wird der Ausschlagwinkel vergrößert und damit die Spannung auf $(\tau_0 + \varDelta \tau_0)$ erhöht; mit der neuen Spannung werden wieder eine Million Spannungswechsel vorgenommen. Es folgen eine Million Spannungswechsel mit $\tau_0 + 2 \varDelta \tau_0$ usw., bis der Stab bei einer Spannung $\tau_0 + n \varDelta \tau_0$ zu Bruch kommt. Die Spannung $\tau_0 + (n-1) \varDelta \tau_0$ kann als Maß für die Verdrehungsschwingungsfestigkeit des Materials angesehen werden[1]).

Über den Ausbau des Versuchsapparates und die mit ihm gewonnenen einzelnen Versuchsergebnisse wird näher in einer Arbeit meines Assistenten, des Herrn cand. ing. A. Busemann, berichtet werden, der sich besondere Verdienste um den Ausbau der Versuchsanordnung, vor allem durch Schaffung von geeigneten Meß- und Regelvorrichtungen erworben hat.

Abb. 73. Wellenbruch infolge von Drehschwingungen.

Wir wollen uns im nachfolgenden nur mit dem gewonnenen Gesamtergebnis, das einen Einblick in den Bruchvorgang gewährt, befassen.

Vor allem interessiert die Frage, in welcher Richtung der erste Einriß bei einem glatten Stab erfolgt, der wechselnder Verdrehungsbeanspruchung ausgesetzt ist. Die Versuche haben in dieser Richtung übereinstimmend ergeben, daß der erste Einriß infolge der Schubspannungen parallel zur Stabmittellinie erfolgt (Abb. 73, Linie 1 1'). Infolge dieses Einrisses wird die Übertragung der Normalspannungen, die unter 45° zur Stabachse am größten sind,

---
[1]) Siehe darüber auch einen Bericht des Verfassers im Werkstoffausschuß des Ver. d. Eisenhüttenleute 1923.

erschwert und der Riß schreitet in der Richtung 1 2 und 1′2′ weiter fort. Schließlich ist die Festigkeit des Materials so geschwächt, daß der Rest des Querschnittes in kurzer Zeit nach beliebigen Bruchflächen durchbricht. In den Abb. 74 und 75 sind Verdrehungsschwingungsbrüche dargestellt. Die Linie 1 1′, von der der Bruch ausgeht, ist stets deutlich zu erkennen. Mit dem Mikroskop kann man sie in das gesunde Material zu beiden Seiten des Bruches verfolgen (Abb. 76).

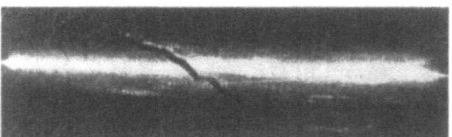

Abb. 74. Verdrehungsschwingungsbruch.

In der Praxis sehen Verdrehungsschwingungsbrüche oft wesentlich anders aus, als die Abb. 74—76 möchten vermuten

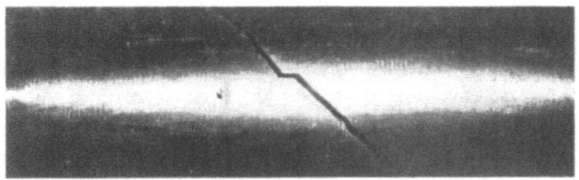

Abb. 75. Verdrehungsschwingungsbruch.

lassen. Der Grund hierfür liegt in der Tatsache, daß die Wellen nicht so glatt hergestellt sind wie die Versuchsstäbe des Ver-

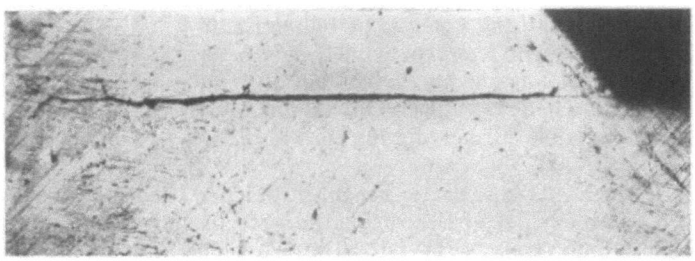

Abb. 76. Verdrehungsschwingungsbruch (60 fache Vergrößerung, Fortsetzung ins Material).

fassers. Wenn z. B. an einer Stelle eine Bohrung etwa für eine Halteschraube vorgesehen ist (Abb. 77), so findet an dieser Stelle ein Ausgleich der Schubspannungen in Längsrichtung statt — die

Ränder der Bohrung im Längsschnitt können ungestört voneinander Verzerrungen erleiden. Eine solche Welle ist deshalb bezüglich Festigkeit vergleichbar mit einer Welle, die schon einen Einriß 1 1′ hat und der Riß setzt bei ihr unter 45° zur Wellenachse an. Wenn die Welle sehr ungleichmäßig bearbeitet ist, kann auch eine wesentliche Schwächung in einem Querschnitt senkrecht zur Wellenachse vorhanden sein (tiefere Drehrillen). Dann bricht

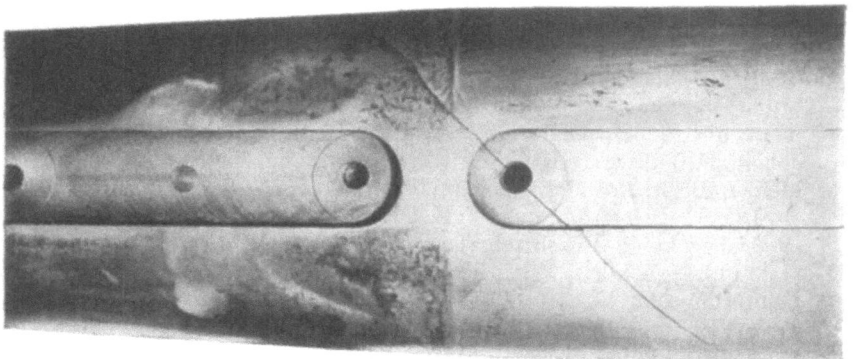

Abb. 77. Verdrehungsschwingungsbruch einer Schiffswelle.

die Welle auch mitunter in diesem Querschnitte ab. Wenn aber die besondere Oberflächengestaltung nicht eine ganz bestimmte Form des Einrisses vorschreibt, so wird ein Drehschwingungsbruch immer in der aus Abb. 74—76 ersichtlichen Form vor sich gehen.

**§ 43. Innere Energie-Aufnahmefähigkeit des Werkstoffs.** Wenn auf die Schwingungsanordnung Abb. 72 ein Impuls mit der Periode der Eigenschwingungszahl einwirkt, so muß der Stab, solange keine Energie abgeführt wird, theoretisch immer größere Ausschläge annehmen, bis er schließlich bricht. Wie sieht nun die Sache praktisch aus? D. h. was wird eintreten, wenn wir bei der Schwingungsanordnung Abb. 72 die Bremse weglassen? Die vorher genannte Drehzahlregelung sorgt dafür, daß der Impuls stets genau im Rhythmus der Eigenschwingungszahl eingeführt wird. Impuls und Schwingungsausschlag sind um 90° phasenverschoben und die ganze Impulsenergie wird dem Probestab zugeführt. Wenn der Stab nicht schon nach wenigen Schwingungen entzwei gehen soll, muß er imstande sein, Energie aufzunehmen, bzw. in Wärme umzusetzen.

Bezüglich der Energieaufnahmefähigkeit eines Werkstoffs sind zwei Fälle zu unterscheiden: Bevor der Stab in zwei Stücke bricht, treten mit dem bloßen Auge vorerst äußerlich nicht sichtbare Längsrisse (Abb. 73 Linie 11') auf. Die beiden Rißflächen reiben im Betrieb stark aneinander, so stark, daß das Material nach dem völligen Abbrechen an diesen Stellen verbrannt und zermürbt aussieht. Bei dieser Bewegung der beiden Bruchflächen aneinander wird Wärme erzeugt, die äußerlich mit der Hand kurz vor dem Bruch manchmal festgestellt werden kann. Die Wärmeabgabe dauert bei bestimmten Stahlsorten je nach der Größe des Impulses etwa 0—5000 Schwingungen; dann ist der Stab durchgebrochen.

Es gibt aber auch Stahlsorten, die bei geringer Überschreitung der Schwingungsfestigkeit eine lange Zeit (z. B. eine oder mehrere Millionen Schwingungen) überstehen und dabei erhebliche Wärmemengen von sich geben können. Zum Unterschied vom vorausgehenden Fall erstreckt sich die Erwärmung nicht über einen kleinen Bezirk, sondern gleichmäßig über den ganzen Stab.

Der Energieaufnahmefähigkeit von Konstruktionsmaterialien ist bisher keine Beachtung geschenkt worden, wiewohl ihr für viele Fälle erhebliche Wichtigkeit innewohnt. Die Wichtigkeit der Dämpfungsfähigkeit des Materials kann an der beschriebenen Versuchsanordnung leicht festgestellt werden; der eine Stab, z. B. der Energie aufnehmen konnte (d. h. der bei der Beanspruchung warm wurde), erlitt bei einer bestimmten Größe des eingeleiteten Impulses eine Beanspruchung $\tau_{mx} = 21$ kg/mm². Er brach mit dieser Beanspruchung etwa nach 2 Millionen Umdrehungen. Ein anderer Stab aus einer Sorte, die erheblich höhere Festigkeitswerte aufwies, die aber keine Energie aufnehmen konnte, machte bei einem Impuls, dessen Größe nur ein Bruchteil von der Größe des zuerst genannten Impulses war, einen Ausschlag mit einer Beanspruchung $\tau_{mx} = 32$ kg/mm². Der Stab wurde dabei nicht fühlbar warm. Er brach aber bereits nach 50 000 Schwingungen.

Die Frage ist nun, welches der beiden Materialien geeigneter für Konstruktionszwecke ist. Bei den bisherigen Untersuchungsweisen, bei denen man die Bruchfestigkeit, Elastizitätsgrenze oder auch die Schwingungsfestigkeit feststellt, weist das zu zweit genannte Material höhere Festigkeitswerte auf als das erste, so daß ihm der Vorzug zu geben wäre. Das trifft auch praktisch ohne weiteres zu, solange man die auftretenden Kräfte wirklich kennt und beherrscht, wie es z. B. bei beliebigen Belastungen und Entlastungen (auch bei der Anordnung nach Abb. 63) der Fall ist. Wenn aber ein Impuls im Rhythmus der Eigenschwingungszahl auftritt, wie bei der Anordnung Abb. 72 oder bei einer Wellenleitung, die mit Schwungmassen behaftet ist (siehe § 12), dann ist die Größe der Beanspruchung nicht nur von der Größe des im

Rhythmus der Eigenschwingungszahl erregenden Impulses, sondern ganz wesentlich auch von den Eigenschaften des Wellenmaterials, d. h. von seiner Dämpfungsfähigkeit abhängig. Dann wird unter Umständen die Welle aus dem zuerst genannten Material eine wesentlich höhere Lebensdauer haben als die zu zweit genannte, da sich das erstere Material gegen Überanstrengung durch Energievernichtung schützt.

Die Frage ist aber noch zu wenig geklärt; vor allem liegen noch keine brauchbaren Versuchseinrichtungen zur Feststellung der Energieaufnahmefähigkeit von Materialien und erst recht noch keine Versuchswerte vor, so daß der praktische Ingenieur wohl die vorgebrachten Gesichtspunkte kennenlernen aber sich nicht nach ihnen richten kann.

Die besten Werte in bezug auf Energievernichtung (Dämpfungsfähigkeit) sind bisher mit einem Manganansiliziumstahl von etwa 80 kg/qmm Festigkeit und 13,5% Bruchdehnung erzielt worden. Der Stab hat bis zum Bruch 3,6 $PS_e$ Stunden Energie auf 1 kg Material bei $\tau_{mx} = 21$ kg/qmm durch Umsetzung in Wärme vernichtet. Die Dämpfungsfähigkeit dieses Materials kann demnach mit $\nu = 3{,}6 \dfrac{PS_e \cdot h}{kg}$ bei $\tau = 21$ kg/qmm angegeben werden.

Man sieht aus dieser Überlegung, wie wichtig es ist, einen Maschinenteil, der schwingender Beanspruchung ausgesetzt ist, an allen Stellen auf gleiche Beanspruchung zu dimensionieren. Es müssen möglichst große Materialgebiete bis über die Spannungsgrenze bei der Energieumsetzung stattfindet, beansprucht werden, damit ein wesentlicher Teil der durch die Impulse eingeleiteten Schwingungsenergie vernichtet und die Größe der maximalen Formänderung auf diese Weise begrenzt wird.

# VIII. Massenkräfte und Massenausgleich.

**§ 44. Einführung.** Wir nehmen an, in einem leichten Kahn, der auf einem ruhigen See liegt, stehe ein Mann am Vorderteil und er gehe nach dem Hinterteil des Kahnes zu (Abb. 78). Der Kahn führt dann relativ zum Wasser eine Bewegung in entgegengesetzter Richtung aus $(v_k)$. Zur Vereinfachung nehmen wir an, daß die Reibung, die bei der Bewegung des Kahnes im Wasser auftritt, vernachlässigbar klein sein soll.

Der Versuch wird in Vorlesungen aus der Mechanik angeführt. Die Bewegung des Kahnes relativ zum Wasser wird darauf zurückgeführt, daß der Schwerpunkt eines Systems, auf das keine äußeren Kräfte einwirken, in Ruhe bleibt. Wie wir das System abgrenzen, ist gleich: Wir können den Mann für sich allein betrachten; dann ist nur zu beachten, daß auf ihn beim Gehen durch den Fußboden eine Kraft $P_m$ übertragen wird und daß seine Bewegung aus der dynamischen Grundgleichung folgt: $P_m = m_m \cdot \dfrac{d^2 x_m}{d t^2}$ [1]).

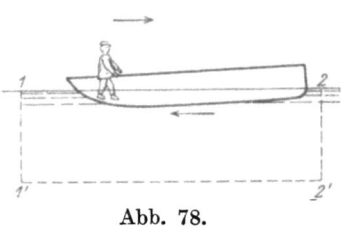

Abb. 78.

Oder wir können Mann und Boot als ein System betrachten, auf das bei Vernachlässigung der Wasserreibung keine äußere Kraft einwirkt, so daß für den gemeinsamen Schwerpunkt $\dfrac{d^2 x}{d t^2}$ Null ist. Oder wir können Mann, Boot und einen Teil des Wassers, der durch den Schnitt 11'2'2 abgegrenzt wird, als ein System betrachten, dessen Schwerpunkt in Ermangelung äußerer Kräfte in Ruhe bleibt.

Wir übertragen die vorausgehende Überlegung auf eine Kolbenmaschine (Abb. 79). Kolben, Kolbenstange, Kreuzkopf

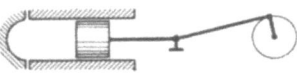

Abb. 79. Der Kurbeltrieb.

und ein Teil der Schubstange bewegen sich beim Umlauf der Maschine bald nach rechts, bald nach links. Es müssen also Beschleunigungskräfte in wagrechter Richtung durch den Kolben und den Wellenzapfen übertragen werden, die die entsprechenden Beschleunigungen zur Folge haben. Betrachten wir die ganze Maschine als ein System, so wissen wir von ihm,

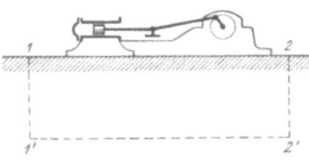

Abb. 80. Kolbenmaschine mit Fundament.

daß das Gestänge Bewegungen ausführt, während Zylinder usw. in Ruhe bleiben. Es müssen also durch das Fundament periodische Kräfte auf die Maschine übertragen werden, die die mit der Gestängebewegung verbundenen Schwerpunktsverschiebungen der Gesamtanordnung zur Folge haben. Und grenzen wir endlich durch die in beliebiger Entfernung von der Maschine gezogenen Schnitte 11'2'2 ein System Maschine mit Fundament ab, so wissen wir, daß die Gestängebewegungen zum Teil durch entgegengesetzt

---

[1]) Die Kräfte in senkrechter Richtung heben sich heraus, da Schwerkraft und Auflagekraft gleich groß sind.

Einführung. 121

gerichtete Rahmen- und Fundamentbewegungen, die zwar klein sind aber eine große Masse erfassen, und zum anderen Teil durch periodische in den Schnittflächen übertragene Kräfte ausgeglichen werden. Wir wollen annehmen, daß die Schnitte $11'2'2$ (Abb. 80) in sehr großer Entfernung gezogen seien und daß keine periodischen Kräfte mehr beim Umlauf der Maschine übertragen werden. Dann heißt das, daß die Fundamentmasse so große Verschiebungen mit der Periode der Umlaufzahl ausführt, daß der Schwerpunkt der ganzen Anlage in Ruhe bleibt. Durch innere Kräfte — etwa durch die Reibung, die bei der inneren Fundamentbewegung auftritt — wird der eingeleitete Impuls nicht beeinflußt; durch innere Reibungen wird nur die Energie verzehrt, die Schwerpunktsbewegung aber nicht berührt.

Wenn wir die Größe der resultierenden Kraft, die auf das System übertragen wird, ermitteln wollen, so bedienen wir uns der dynamischen Grundgleichung $P = m_S \cdot \dfrac{d v_S}{d t}$. $m_S$ ist dabei die Gesamtmasse des Systems und $v_S$ die Schwerpunktsgeschwindigkeit. Nach dem Schwerpunktssatz ist aber $m_S \cdot v_S = \sum m v$, oder $m_S \cdot \dfrac{d v_S}{d t} = \sum m \cdot \dfrac{d v}{d t}$, wobei die Summierung über das ganze System zu erstrecken ist. Betrachten wir als System die Maschine ohne Fundament, so ist das $(m v)$ des Rahmens, Zylinders usw. vernachlässigt klein gegen das $m_G v_G$ des Getriebes. Wir erhalten demnach für die Größe der Kraft $P$, die durch das Fundament auf die Maschine oder umgekehrt von der Maschine auf das Fundament übertragen wird, den Ausdruck: $P = m_G \cdot \dfrac{d v_G}{d t}$. Die Bedingung dafür, daß keine Kraft von der Maschine auf das Fundament übertragen wird, lautet also: $m_G \cdot d v_G = 0$, oder, wenn dauernd keine Kraft übertragen werden soll:

1. $\qquad\qquad\qquad m_G \cdot v_G = 0$.

Bei einer Einzylindermaschine würde das heißen, die Umlaufzahl der Maschine soll Null sein. Bei Mehrzylindermaschinen kann die Gleichung 1 in der Weise erfüllt werden, daß die mehreren Getriebe so gegeneinander bewegt werden, daß ihre resultierende Schwerpunktsbewegung Null, Gleichung 1 also auch beim Umlauf der Maschine erfüllt ist. Wir müssen jetzt zunächst die Größe von $m_G \cdot v_G$ für ein Getriebe ermitteln.

**§ 45. Der Kurbeltrieb.** Es kommt einerseits auf die Größe der Getriebemassen $m_G$ und andererseits auf ihre Beschleunigung bzw. auf ihre Lage in jedem Augenblick an.

a) **Die Größe der bewegten Massen.** Kolben, Kolbenstange und Kreuzkopf bewegen sich beim Umlauf der Maschine gradlinig in Richtung der Zylinderachse; Schubstangenkopf und Kurbel führen eine drehende Bewegung aus und die Bewegung der Schubstange ist aus einer gradlinigen und einer drehenden zusammengesetzt. Wir zerlegen zuerst die Bewegung der Schubstangenmasse in einen drehenden und einen gradlinigen Anteil. Das Gewicht der Schubstange und damit ihre Masse $m_{Sch}$ ist bekannt; ebenso soll durch einen Versuch oder durch Rechnung die Lage des Schwerpunktes $S$ in der Entfernung $l_1$ vom Kreuzkopf ermittelt worden sein. Dann können wir die gesamte Schubstangenmasse $m_{Sch}$ auch in die 2 Teile $m_{Sch\,1}$ und $m_{Sch\,2}$ zerlegt denken, von denen der eine die rein gradlinige Bewegung des Kreuzkopfes und der andere die rein drehende Bewegung des Kurbelzapfens ausführt. Die Unterteilung hat in bekannter Weise nach den Formeln zu erfolgen (Abb. 81):

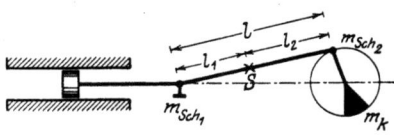

Abb. 81. Kurbeltrieb mit Gegenkurbel $m_k$.

2. $$m_{Sch\,1} + m_{Sch\,2} = m_{Sch}$$
und
3. $$l \cdot m_{Sch\,1} = l_2\, m_{Sch}.$$
Es ist also:
4. $$m_{Sch\,1} = \frac{l_2}{l}\, m_{Sch}; \qquad m_{Sch\,2} = \frac{l_1}{l}\, m_{Sch}.$$

Wir haben nun die rein drehenden Massen (Kurbel und $m_{Sch\,2}$), deren Schwerpunktsbewegung in einfacher Weise durch eine Gegenkurbel $m_k$ ausgeglichen werden kann und die rein gradlinig bewegten Massen (Kolben, Kolbenstange, Kreuzkopf und $m_{Sch\,1}$), die wir vorhin schon unter dem Zeichen $m_G$ zusammengefaßt hatten. Im nachfolgenden befassen wir uns mit den Massen $m_G$, deren Ausgleich Schwierigkeiten bereitet.

b) **Die Bewegung der Massen $m_G$.** Die Bewegung der im Kreuzkopf vereinigten Massen $m_G$ kann nicht durch eine Gegenkurbel ausgeglichen werden, da erstere eine gradlinige Bewegung, letztere eine Drehbewegung ausführt. Durch Gegenkurbel könnte man zwar die Bewegung in Richtung der Zylinderachse ($X$-Richtung) ausgleichen, man erhielte statt dessen aber eine gleich große Schwerpunktsverschiebung in $Y$-Richtung. Möglich ist dagegen der Ausgleich durch zwei gegenläufig umlaufende Massen, auf

Der Kurbeltrieb.

den im Abschnitt „Massenkräfte und Massenausgleich" des Buches „Schnellaufende Dieselmaschinen" von Föppl, Strombeck und Ebermann ausführlicher eingegangen ist.

Um die Beschleunigung von $m_G$ festzustellen, müssen wir die Lage $x$ des Kreuzkopfes (oder die Lage $x + a$ des Schwerpunktes) zu den verschiedenen Zeiten $t$ in Abhängigkeit vom Kurbelwinkel $\varphi$ (Abb. 82) bestimmen. Die Totlage des Getriebes ist durch $x = 0$ gegeben. Wir können schreiben (Abb. 82):

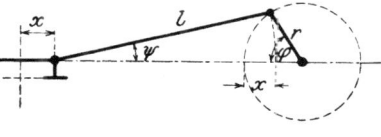

Abb. 82.

5. $\quad x = r(1 - \cos\varphi) + l(1 - \cos\psi);$

6. $\quad r\sin\varphi = l\sin\psi; \quad \sin^2\psi = \dfrac{r^2}{l^2}\sin^2\varphi = \lambda^2\sin^2\varphi,$

daraus:

7. $\quad \cos\psi = \sqrt{1 - \lambda^2\sin^2\varphi} = \infty\sqrt{1 - \dfrac{2\lambda^2}{2}\sin^2\varphi + \dfrac{\lambda^4}{4}\sin^4\varphi}$

$\quad = \infty\, 1 - \dfrac{\lambda^2}{2}\sin^2\varphi.$

Wir haben dabei angenommen, daß das Quadrat des Schubstangenverhältnisses $\dfrac{r}{l} = \lambda$ klein ist gegen 1. Wir konnten dann den Ausdruck unter dem Wurzelzeichen durch Beifügung des von höherer Ordnung kleinen Gliedes $\dfrac{\lambda^4}{4}\sin^4\varphi$ zu einem vollständigen Quadrat ergänzen. Unter Benutzung der Gleichung 5 und 7 erhalten wir:

8. $\quad x = r\left(1 - \cos\varphi + \dfrac{\lambda}{2}\sin^2\varphi\right),$

$\quad = r\left(1 - \cos\varphi + \dfrac{\lambda}{2}\dfrac{1-\cos 2\varphi}{2}\right),$

$\quad = r\left[(1 - \cos\varphi) + \dfrac{\lambda}{4}(1 - \cos 2\varphi)\right].$

Durch Differentiation und Einführung des Zeichens $\omega$ für die zeitlich ungeänderte Winkelgeschwindigkeit $\dfrac{d\varphi}{dt}$ der Maschine erhalten wir:

9. $$\frac{dx}{dt} = r\omega \left[\sin\varphi + \frac{\lambda}{2}\sin 2\varphi\right]$$

und

10. $$\frac{d^2x}{dt^2} = r\omega^2 [\cos\varphi + \lambda \cos 2\varphi].$$

Die Massenkraft, die von den in einem Zylinder bewegten Gestängemassen $m_G$ herrührt, ist gleich $P$ oder gleich Masse mal Beschleunigung.

11. $$\begin{aligned}P &= m_G \cdot r\omega^2 \cos\varphi + m_G \cdot r\omega^2 \lambda \cos 2\varphi, \\ &= P_I \cos\varphi + P_{II} \cos 2\varphi.\end{aligned}$$

Wir zerlegen die Gesamtkraft $P$ in die beiden Teilkräfte $P_I \cos\varphi$ und $P_{II} \cos 2\varphi$ und nennen $P_I \cos\varphi$ die Massenkraft 1. Ordnung und $P_{II} \cos 2\varphi$ die 2. Ordnung. Der Größtwert von $P_I \cos\varphi$ (nämlich $P_I = m_G r\omega^2$) ist im Verhältnis $1 : \lambda$ — oder für $\lambda = 1 : 5$ im Verhältnis $5 : 1$ — größer als der Größtwert der Massenkraft 2. Ordnung. Wir betrachten nun die beiden Teilkräfte für sich und nennen allgemein solche Massenkräfte, die mit der Periode des Kurbelwinkels $\varphi$ fortschreiten, Massenkräfte 1. Ordnung und solche die mit der doppelten Periode $2\varphi$ fortschreiten, Massenkräfte 2. Ordnung.

### § 46. Die Massenkräfte 1. und 2. Ordnung.

Die Massenkraft $P_I \cos\varphi$ setzt sich aus einem konstanten Glied $P_I = m_G \cdot r\omega^2$ und aus dem vom Kurbelwinkel abhängigen Glied $\cos\varphi$ zusammen.

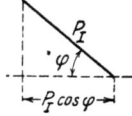

Abb. 83. Massenkraft ist $P_I \cos\varphi$.

Man stellt die Größe der Massenkraft gewöhnlich durch die Projektion des Vektors $P_I$ auf die wagrechte Mittellinie (Abb. 83) dar. Diese vektorielle Darstellung ist namentlich dann vorteilhaft, wenn man mehrere Massenkräfte, die etwa von den in den einzelnen Zylindern einer Mehrzylindermaschine bewegten Massen herrühren, zu addieren hat. Die Gesamtkraft $P_I \cos\varphi$, die auf das Fundament übertragen wird, ist z. B. bei einer Dreizylindermaschine:

12. $$P_I \cos\varphi = P_{I1} \cos\varphi_1 + P_{I2} \cos\varphi_2 + P_{I3} \cos\varphi_3.$$

Statt die einzelnen Projektionen der Vektoren zu addieren, kann man die Vektoren $P_{I1}$, $P_{I2}$ und $P_{I3}$ geometrisch zum Vektor $P_I$ zusammensetzen und dessen Projektion auf die Mittellinie bestimmen (Abb. 84). Das letztere Verfahren hat besonderen Vorteil, wenn man die Größe der resultierenden Massenkraft zu verschiedenen Zeiten zu ermitteln hat. Denn die Kurbelversetzungswinkel $\varphi_2 - \varphi_1$ und $\varphi_3 - \varphi_1$ (Abb. 84) bleiben beim Umlauf der

Kurbelwelle erhalten. In der Abb. 84 ändert sich also nur die Richtung der Mittellinie relativ zu den Kurbelstellungen, die etwa durch $\varphi_1$ gegeben ist. Bei der geometrischen Addierung kommt deshalb stets der gleiche Vektor $P_I$, der unter dem stets gleichen Winkel $\varphi - \varphi_1$ zur Kurbel I liegt, heraus. Oder wir erhalten die resultierende Massenkraft zu den verschiedenen Zeiten, wenn wir den resultierenden Vektor $P_I$ bilden und dessen Projektion auf die Mittelllinie $P_I \cos \varphi$ nehmen. Gewöhnlich interessiert gar nicht die Schwankung der aufs Fundament übertragenen Kraft, sondern nur ihr Größtwert, der durch $P_I$ gegeben ist. Die Bedingung dafür, daß keine Massenkraft 1. Ordnung auf das Fundament übertragen wird, lautet also:

13. $\qquad P_I = 0.$

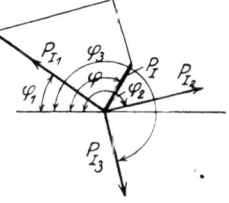

Abb. 84. Zusammensetzung der Massenkraftvektoren.

Bevor man sich an die vektorielle Darstellung der Massenkraft gewöhnt, soll man sich über den gedanklichen Zusammenhang klar werden. Gewöhnlich wird unter einem Vektor eine gerichtete Kraft verstanden. Im Gegensatz dazu steht bei der Massenkraft die Richtung von vornherein fest: Die Kraft tritt in Richtung der Zylindermittellinie auf. Bei der Massenkraft ist nur die Größe der Kraft zeitlich veränderlich und man kann sie deshalb durch die Projektion eines mit der Kurbelwelle umlaufenden Vektors darstellen. Durch den Vektor wird also die zahlenmäßige Größe einer zeitlich veränderlichen Kraft ohne Richtungsangabe zu den verschiedenen Zeiten $\varphi$ festgelegt. Die vektorielle Darstellung der Massenkraft hat nur Zweck für die Summierung mehrerer Massenkräfte, die mit der gleichen Umlaufgeschwindigkeit $\omega$ ihre Größe ändern. Da nach Gleichung 11 die Massenkraft 2. Ordnung mit der Periode $2\omega$ ihren Wert ändert, können die Massenkräfte 1. und die 2. Ordnung nicht vektoriell addiert werden.

Massenkräfte 2. Ordnung sind durch die Projektion des mit der Geschwindigkeit $2\omega$ (siehe Gleichung 11) umlaufenden Vektors auf die Mittellinie gegeben. Der skalare Wert des Vektors für die in einem Zylinder bewegten Massen ist nach Gleichung 11 im Verhältnis $\lambda : 1$ kleiner als der entsprechende Wert für die Massenkraft 1. Ordnung. Die Vektoren, die die Massenkräfte 2. Ordnung einer mehrzylindrigen Maschine darstellen, können, ebenso wie die 1. Ordnung, zu einem resultierenden Vektor $P_{II}$ zusammengefaßt werden, da alle Einzelvektoren gleiche Umlaufgeschwindigkeit $2\omega$ haben. Die Massenkräfte 2. Ordnung verschwinden, wenn der resultierende Vektor zu Null wird.

Beispiel: Es soll die resultierende auf das Fundament übertragene Massekraft 1. und 2. Ordnung für eine Dreizylindermaschine bestimmt werden. Zu diesem Zwecke muß für jeden Zylinder gegeben sein:

a) das Produkt $m_{Gn} \cdot r_n$;
b) die Kurbelversetzung $\varphi_n$;
c) das Schubstangenverhältnis $\lambda_n$.

Da es gleichgültig ist, in welcher Richtung wir die Abb. 84 auftragen — es kommt nur auf die Größe, nicht auf die augenblickliche Richtung des resultierenden Vektors an — ist die Wahl eines Kurbelwinkels (etwa $\varphi_1$) beliebig. Wir nehmen $\varphi_1 = 0^0$ an, und setzen außerdem $\lambda_1 = \lambda_2 = \lambda_3 = 1 : 5$ voraus. Die Größen von $\omega^2 m_{Gn} r_n$ und von den Kurbelversetzungswinkeln $\varphi_n - \varphi_1$ sind aus Abb. 85 zu entnehmen. Um die Kräfte 2. Ordnung nicht in zu kleinen Abmessungen zu erhalten, ist der Maßstab in Abb. 86 fünfmal so groß wie bei Abb. 85 gewählt worden. Aus den Abb. 85 und 86 kann man unter Benutzung eines entsprechenden Maßstabes die Größe der Massenkräfte $P_I$ und $P_{II}$ entnehmen.

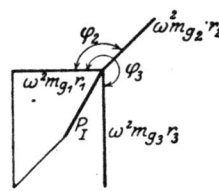

Abb. 85. Zusammensetzung der Vektoren für eine Dreizylindermaschine.

§ 47. **Die Massenkraftmomente.** Außer den Kräften spielen auch die Momente eine Rolle. Es genügt deshalb nicht, wenn wir von einer umlaufenden Maschine z. B. verlangen, es soll keine Massenkraft auf das Fundament übertragen werden; wir müssen vielmehr, wenn wir vollständigen Ausgleich haben wollen, noch die Bedingung stellen, daß auch kein Moment übertragen wird.

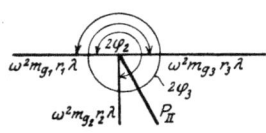

Abb. 86. Zusammensetzung der Massenkraftvektoren II. Ordnung.

In Abb. 87 sind z. B. die beiden Massenkräfte 1. Ordnung aufgetragen, die von den Gestängen einer zweizylindrigen stehenden Maschine mit 180° Kurbelversetzung herrühren. Zur Abkürzung nennen wir die von der Kurbel 1 herrührende Massenkraft 1. Ordnung $P_{I1} \cos \varphi_1$ usw. Es ist also:

14. $\qquad P_{I1} = m_{G1} \cdot r_1 \omega^2.$

Wenn $P_{I1} = P_{I2}$ ist, ist die resultierende Kraft zu allen Zeiten Null. Die beiden Kräfte bilden aber ein Kippmoment $P_{I1} \cdot a \cdot \cos \varphi_1$, dessen Größe ebenfalls mit $\cos \varphi_1$ veränderlich ist. Wir können das zeitlich veränderliche Moment im gleichen Sinne wie vorhin die Massenkraft als Vektor auftragen, wobei die vektorielle Darstellung wieder nur für die Summierung mehrerer Momente mit gleicher Wechselzahl von Vorteil ist.

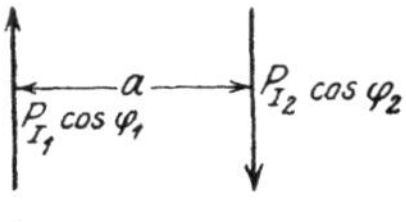

Wie die Massenkräfte 1. Ordnung kann man auch die Kräfte 2. Ordnung zu Momenten 2. Ordnung zusammenfassen und durch Momentenvektoren 2. Ordnung darstellen. Wir nennen zu diesem Zweck die von der Kurbel 1 herrührende Massenkraft 2. Ordnung $P_{II1}$ usw. Es ist also:

Abb. 87. Massenkraftmoment.

15. $\qquad P_{II1} = m_{G1} r_1 \omega^2 \lambda.$

Wenn $P_{II1} = P_{II2}$ ist, ist $M_{II} \cos \varphi = P_{II1} \cdot a \cos \varphi$.

Nach O. Schlick, der als erster die große Tragweite des Massenausgleichs erkannt hat, nennt man eine Maschine vollständig ausgeglichen, wenn sowohl die Massenkräfte als auch die Momente 1. und 2. Ordnung Null sind. Um diese Bedingung zu erfüllen, braucht man eine erhebliche Anzahl (wenigstens 5) Zylinder. Man begnügt sich deshalb im allgemeinen damit, daß die Massenkräfte 1. und 2. Ordnung und die Momente 1. Ordnung ausgeglichen sind, oder man sorgt dafür, daß die unausgeglichen bleibenden Massenkräfte und Momente möglichst klein sind. Bei Konstruktion einer mehrzylindrigen Kraftmaschine sollte immer eine eingehende Untersuchung bezüglich Massenkräften vorgenommen werden, deren Ergebnis wesentlichen Einfluß auf die Wahl der Kurbelversetzungen, Zylinderabstände und Getriebegewichte haben wird. Da diese Untersuchung wesentlich anders ausfällt für Kolbendampfmaschinen als für Motoren, wollen wir im nachfolgenden den Gang der Untersuchung in 2 getrennten Abschnitten besprechen.

## § 48. Massenausgleich bei Kolbendampfmaschinen.

Das im Zylinder Arbeit leistende Medium hat, wie die vorausgehenden Ableitungen zeigten, unmittelbar keinen Einfluß auf die Massenkräfte. Bei Dampfmaschinen haben wir aber im Gegensatz zu den Verbrennungsmaschinen verschiedenartige Zylinder (Hochdruck-, Mitteldruck-, Niederdruckzylinder); es bleibt deshalb dem Konstrukteur innerhalb gewisser Grenzen die Wahl der Getriebemassen, Hublängen und Zylinderabstände überlassen. In erster Linie werden für diese Wahl konstruktive Rücksichten maßgebend sein. Man wird nachträglich aber Massenkräfte und Momente für die aus konstruktiven Rücksichten gewählten Maße berechnen und auf Grund des Rechenergebnisses Abänderungen an den Abmessungen vornehmen. Zum Gang der Rechnung ist das folgende zu bemerken:

Um den Ausgleich der Kraft oder des Moments einer Ordnung herbeizuführen, müssen wir den resultierenden Vektor zum Verschwinden bringen oder 2 lineare Bedingungen erfüllen. Bei einer Zweikurbelmaschine stehen uns nur 2 Veränderungsmöglichkeiten offen: Der Kurbelversetzungswinkel $\varphi_2 - \varphi_1$ und das Verhältnis von $(m_{G1} \cdot r_1) : (m_{G2} \cdot r_2)$. Wir können deshalb bei der Zweizylindermaschine nur einen Ausgleich herbeiführen: Den Kräfteausgleich 1. Ordnung erhalten wir, wenn wir $\varphi_2 - \varphi_1 = 180°$ und $(m_{G1} r_1) : (m_{G2} r_2) = 1$ setzen. Dann bleiben aber Massenkräfte 2. Ordnung und Momente unausgeglichen zurück. Oder wir hätten auch $\varphi_2 - \varphi_1 = 90°$ und $(m_{G1} r_1 \lambda_1) : (m_{G2} \cdot r_2 \lambda_2) = 1$ wählen können, dann hätten wir Ausgleich der Massenkräfte 2. Ordnung erhalten, es wäre aber die Massenkraft 1. Ordnung $P_I = m_{G1} r_1 \omega^2 \cdot \sqrt{2} \cos \varphi$, wie man bei Aufzeichnung des Diagramms sofort übersieht, unausgeglichen geblieben. (Wiewohl die Massenkraft 1. Ordnung im Verhältnis $1 : \lambda$ größer ist als die 2. Ordnung wird doch oft die zu zweit angegebene Anordnung mit Rücksicht auf das Anlassen der Maschine gewählt).

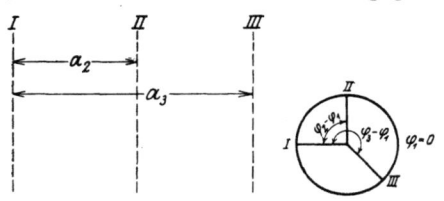

Abb. 88. Dreizylindermaschine.

Bei einer dreikurbeligen Maschine stehen, wenn wir das Schubstangenverhältnis $\lambda$ für alle Zylinder gleich wählen, für den Massenausgleich folgende Größen zur Verfügung: Die beiden Kurbelversetzungswinkel $\varphi_2 - \varphi_1$ und $\varphi_3 - \varphi_1$, die Verhältniszahlen der bewegten Massen mal Kurbelradius $\mu_1 = (m_{G2} r_2) : (m_{G1} r_1)$ und $\mu_3 = (m_{G3} r_3) : (m_{G1} r_1)$.

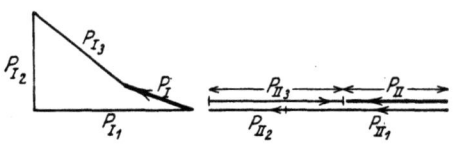

Abb. 89 und 90. Resultierende Massenkraft 1. Ordnung ($P_I$) und 2. Ordnung ($P_{II}$) für die Anordnung nach Abb. 88.

Das sind 4 Veränderliche, die gerade genügen, um den Massenausgleich 1. und 2. Ordnung herbeizuführen. Für diesen Ausgleich gibt es nur eine Lösung und die lautet $\mu_2 = \mu_3 = 1$ und $\varphi_2 - \varphi_1 = 120°$ und $\varphi_3 - \varphi_1 = 240°$. Aus konstruktiven Rücksichten muß man vielfach von dieser Anordnung abweichen und man wird in diesem Falle wenigstens versuchen, neben Massenausgleich 1. Ordnung möglichst geringe Momente zu erhalten. In den Abb. 88—90 ist die Massenkraft 1. und 2. Ordnung für ein bestimmtes Beispiel aufgetragen.

Wir wollen uns bei dieser Gelegenheit noch etwas näher mit dem Ausgleich der Momente befassen. Solange eine resultierende Massenkraft an der Maschine unausgeglichen bleibt, hängt die Größe des Momentes der gleichen Ordnung von der Lage der Momentenebene ab, deren Abstand von der Kraft mal der Größe der Kraft das Moment gibt. Es ist dabei zu beachten, daß nicht nur die Größe der resultierenden Kraft (z. B. der Massenkraft 2. Ordnung bei einer Dreizylindermaschine) sondern auch ihre Lage relativ zu den Zylindern mit der Zeit veränderlich ist. Es hat deshalb keinen Sinn, vom Moment 2. Ordnung ohne Angabe eines Bezugspunktes zu sprechen, solange eine unausgeglichene Massenkraft 2. Ordnung auftritt. Wenn die resultierende Massenkraft sehr klein ist, aber weit weg vom Maschinengestell auftritt, dann tritt die Kippung in die Erscheinung. Bei der Länge des Hebelarmes ist es dann ziemlich unbedeutend, auf welche Momentenebene oder etwa auf welche Zylinderachse wir das Moment beziehen. Und wenn gar die resultierende Kraft verschwindet, dann kann nach Abb. 87 ein reines Moment auftreten, dessen Größe vollständig unabhängig ist von der Lage der Momentenebene. Wir werden die Momentenebene (oder, da alle auftretende Kräfte parallel sind und in einer Ebene — der Maschinenmittelebene — liegen, den Momentenpunkt) so legen, daß die Rechnung möglichst einfach durchzuführen ist. Zu diesem Zwecke nehmen wir den Momentenpunkt entweder in der Symmetrieebene der Maschine, wenn eine solche vorhanden ist, an oder wir legen ihn auf eine Zylindermittellinie. Die letztere Annahme hat den Vorteil, daß die Massen des Zylinders, in dem der Momentenpunkt liegt, keinen Beitrag zum Moment liefern. Den Abstand der übrigen Zylinder vom Momentenpunkt bezeichnen wir mit $a_1$, $a_2 \ldots a_n$.

Nehmen wir also den Momentenpunkt für die Dreizylindermaschine in der Mittellinie von Zylinder I an. Dann ist das resultierende Moment 1. Ordnung $M_I \cos \varphi$:

16. $\qquad M_I \cos \varphi = P_{I2} \cdot \cos \varphi_2 \cdot a_2 + P_{I3} \cdot \cos \varphi_3 \cdot a_3.$

Die Auftragung wird am besten graphisch in vektorieller Darstellung vorgenommen (Abb. 91). Da bei der Dreizylindermaschine nur 2 Vektoren auftreten, kann der resultierende Vektor nur dann verschwinden, wenn die beiden Teilvektoren entgegengesetzt gerichtet sind, oder wenn der Winkel $\varphi_3 - \varphi_2$ 180° beträgt, eine Wahl die aus konstruktiven Gründen im allgemeinen nicht zulässig sein wird.

Das Moment 2. Ordnung $M_{II} \cos 2\varphi_{II}$ läßt sich in gleicher Weise darstellen, wenn wir schreiben:

17. $\quad M_{II} \cos 2\varphi = P_{II2} \cdot a_2 \cos 2\varphi_2 + P_{II3} a_3 \cos 2\varphi_3$.

In $P_{II2}$ und $P_{II3}$ ist nach Gleichung 15 schon $\lambda$ enthalten.

Nach Abb. 92 wäre es bei den dem Beispiel zugrunde liegenden Annahmen von $\varphi_2 - \varphi_1 = 90°$ und $\varphi_3 - \varphi_1 = 225°$ verhältnismäßig einfach, Momentenausgleich 2. Ordnung herbeizuführen. Da aber in unserem Falle eine resultierende Massenkraft 2. Ordnung unausgeglichen bleibt, würde

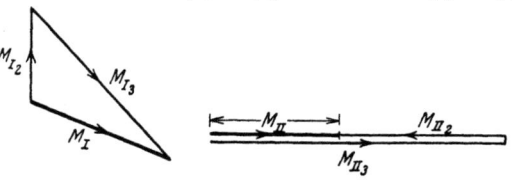

Abb. 91 und 92. Resultierende Momente 1. und 2. Ordnung für die Anordnung nach Abb. 88.

die Angabe $M_{II} = 0$ nur sagen, daß die Massenkraft $P_{II} \cos 2\varphi$ mit der Mittellinie des Zylinder 1 zusammenfällt. Momentenausgleich 2. Ordnung herbeizuführen, hätte also in diesem Fall keine praktische Bedeutung.

Zu den in § 46 genannten drei zum Ausgleich wichtigen Größen tritt für den Momentenausgleich nach den Gleichungen 16 und 17 noch der Zylinderabstand $a$ als 4. Größe hinzu. Wenn wir aber $M_{II}$ zum Verschwinden bringen wollen, so kann das nicht durch gleichmäßige Veränderung der Größen $a_2$ und $a_3$ sondern nur durch Veränderung ihrer relativen Größe oder durch Veränderung von $\alpha_3 = \dfrac{a_3}{a_2}$ geschehen.

Bei der Dreizylindermaschine (mit gleichen $\lambda$) sind es also 5 Größen, die zum Zwecke des Massenausgleichs verändert werden können: $\mu_2$, $\mu_3$, $\varphi_2 - \varphi_1$, $\varphi_3 - \varphi_1$ und $\alpha_3$. Bei der Veränderung wird man anstreben: $P_I = 0$ und möglichst kleine Werte für $P_{II}$ und $M_I$.

Die vierkurbelige Dampfmaschine. Der Rechnungsgang ist der gleiche wie der bei der Dreikurbelmaschine. Wenn wir die entsprechenden Bezeichnungen wählen, steht die Veränderung folgender Größen für den Ausgleich zur Verfügung: $\mu_2$, $\mu_3$, $\mu_4$, $\varphi_2 - \varphi_1$, $\varphi_3 - \varphi_1$, $\varphi_4 - \varphi_1$, $\alpha_3$ und $\alpha_4 = \dfrac{a_4}{a_2}$. Mit diesen 8 Veränderungsmöglichkeiten können wir alle 4 Vektoren zum Verschwinden bringen. Da dazu aber alle 8 Freiheitsgrade ausgenutzt werden müßten, so daß dem Konstrukteur die Hände nach jeder Richtung gebunden wären, wird man sich im allgemeinen damit begnügen, daß $P_I = 0$, $P_{II} = 0$, $M_I = 0$ und $M_{II}$ nicht allzu groß wird.

Bei Maschinen mit mehr als 4 Kurbeln kann man vollständigen Ausgleich der Kräfte und Momente 1. und 2. Ordnung verlangen.

**§ 49. Massenausgleich bei Verbrennungsmaschinen.** Bei den Verbrennungsmaschinen wird von vornherein die Bedingung gestellt, daß die Getriebeteile untereinander vertauschbar gleich sein müssen. Die Bedingung läuft darauf hinaus, daß $\mu_2 = \mu_3 = \ldots = 1$ sein soll. Gewöhnlich muß auch noch die Bedingung erfüllt werden, daß die Zylinder untereinander austauschbar, d. h. in ihren Abmessungen gleich sein sollen und daraus folgt dann $a_2 = \dfrac{a_3}{2} = \dfrac{a_4}{3} \ldots$ Zur Veränderung bleibt dann allein $\varphi_2 - \varphi_1$, $\varphi_3 - \varphi_1 \ldots$ übrig. Doch ist auch hierfür noch zu beachten, daß sich in allen Zylindern die gleichen Verbrennungsvorgänge abspielen und daß man neben Massenausgleich vor allem auch möglichst geringe Schwankungen im Drehkraftdiagramm anstreben muß. Man ist deshalb gezwungen, die Kurbelversetzungen so vorzunehmen, daß die Zündungen in gleichen Abständen aufeinander folgen; damit sind die Kurbelversetzungswinkel ebenfalls vorgeschrieben. Als einzige Veränderungsmöglichkeit bleibt hier die Reihenfolge, in der man die Zylinder zur Zündung bringt. Für die Wahl dieser Reihenfolge ist im allgemeinen ausschließlich die Rücksichtnahme auf den Massenausgleich maßgebend.

Für die Anordnung ist wichtig, ob wir es mit einer Zweitakt- oder einer Viertaktmaschine zu tun haben. Bei der Zweitaktmaschine mit $n$-Zylindern ist die Kurbelversetzung je $\dfrac{2\pi}{n}$ und bei der Viertaktmaschine $\dfrac{4\pi}{n}$, wenn die $n$-Zylinder in zeitlich gleichen Abständen zur Zündung kommen sollen.

1. **Die Zweizylinder-Zweitaktmaschine.** Die beiden Zylinder sind um $180°$ versetzt. Es ist $P_I = 0$ und $P_{II} = 2\, m_{G_1} r_1 \lambda w^2$.

2. **Die Zweizylinder-Viertaktmaschine.** Mit Rücksicht auf die Drehkraftschwankungen müßte die Kurbelversetzung zu $2\pi$ gewählt werden, d. h. beide Kurbeln müßten gleich gerichtet sein. Die Anordnung hat die Summierung der Massenkräfte 1. und 2. Ordnung zur Folge. Ausnahmsweise wird deshalb in diesem Falle mitunter die Anordnung mit $180°$ Kurbelver-

132 Massenkräfte und Massenausgleich.

setzung gewählt, mit der besserer Massenausgleich ($P_I = 0$), da für aber größerer Ungleichförmigkeitsgrad verbunden ist.

3. Die Dreizylinder-Zweitaktmaschine. Die Kurbelversetzung ist $\frac{2\pi}{3} = 120°$. Wenn man die Reihenfolge der Kurbeln im Aufriß mit 1, 2, 3 bezeichnet (Abb. 93), hat man bei der Kurbelversetzung die Wahl, ob man die Zündfolge 1, 2, 3 oder 1, 3, 2

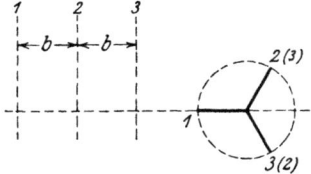

Abb. 93. Dreizylindrige Verbrennungskraftmaschine.

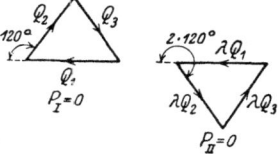

Abb. 94. Zusammensetzung der Kraftvektoren 1. und 2. Ordnung für die Anordnung Abb. 93.

(Abb. 93 rechts) vorsehen will. Da aber der Umlaufsinn der Maschine auf die Massenkräfte und Momente keinen Einfluß hat — die Massenkraft ist nur von der Umlaufgeschwindigkeit aber nicht vom Drehsinn abhängig — ist die Wahl der Zündfolge in diesem Falle gleichgültig. Wir können nur untersuchen, wie groß die Kräfte und Momente werden, ohne auf Grund des Ergebnisses irgend eine Änderung vornehmen zu können. Die Gestänge in allen Zylindern und die Abstände der Zylinder voneinander sind gleich. Mit $b$ bezeichnen wir den Abstand zwischen je 2 Zylindern und mit $Q$ die maximale von einer Kurbel herrührenden Massenkraft:

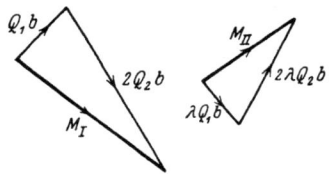

Abb. 95. Zusammensetzung der Momente 1. und 2. Ordnung für die Anordnung Abb. 93.

18. $\qquad Q = m_{G1} \cdot r_1 \cdot \omega^2 = m_{G2} \cdot r_2 \cdot \omega^2 \ldots$

Wir setzen nun die Massenkräfte 1. und 2. Ordnung zu den resultierenden Kräften $P_I \cos\varphi$ bzw. $P_{II} \cos 2\varphi$ zusammen, die nach Abb. 94 beide zu Null werden.

Um die Größe des resultierenden Massenmomentes zu bestimmen, legen wir den Momentenpunkt in Zylinder 1. Dann ist der maximale Beitrag der Kurbel 2 zu $M_I$ gleich $Q \cdot b$ und der maximale Beitrag der Kurbel 3 gleich $Q \cdot 2b$. Beide Größen werden als Vektoren (Abb. 95) in Richtung der Kurbeln aufgetragen und zum resultierenden Vektor von der Größe $M_I = \sqrt{3}\, Q\, b$ vereinigt.

In gleicher Weise werden die Momente 2. Ordnung unter den Winkeln $2\varphi$ aufgetragen und zum resultierenden Vektor $M_{II} = \sqrt{3}\,\lambda\,Q\,b$ vereinigt.

4. **Die Dreizylinder-Viertaktmaschine.** Die Kurbelversetzung ist $\dfrac{4\pi}{3} = 240°$. Auf den Kurbelkreis bezogen erhalten wir das gleiche Bild wie bei der Zweitaktmaschine. Da die Vorgänge in den Zylindern auf den Massenausgleich keinen Einfluß haben, kann die Überlegung unter Nr. 3 ohne Einschränkung übernommen werden.

5. **Die Vierzylinder-Zweitaktmaschine.** Die Kurbelversetzung ist $\dfrac{2\pi}{4} = 90°$. Für die Zündfolge haben wir die Wahl zwischen 1, 2, 3, 4 oder 1, 3, 2, 4 oder 1, 2, 4, 3. Es sind noch 3 weitere Permutationen möglich; sie gehen aber aus den angegebenen drei Anordnungen durch Änderung des Richtungssinnes hervor, so daß sie keine Veränderungen in den Massenkräften zur Folge haben.

Allgemein stellen wir fest, daß wir bei $n$-Zylindern $\tfrac{1}{2}\,(n-1)! = \tfrac{1}{2}\cdot(n-1)(n-2)\cdot(n-3)\ldots$ verschiedene Kurbelanordnungen wählen können.

Die Wahl der Zündfolge hat nur auf die Größe der Momente, nicht auf die Größe der Massenkräfte Einfluß. Wir können deshalb die Massenkräfte unabhängig von der Wahl unter den Anordnungen feststellen. Aus Abb. 96 ersehen wir, daß sowohl $P_I = 0$ als auch $P_{II} = 0$ ist.

Wir haben jetzt die Massenmomente für die 3 Anordnungen zu untersuchen. Wenn wir den Momentenpunkt auf eine der mittleren Zylinderachsen annehmen (was in vielen Fällen vorteilhaft ist), so haben

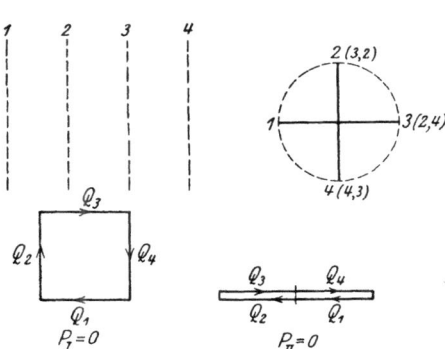

Abb. 96. Vierzylinderverbrennungskraftmaschine mit 90° Kurbelversetzung.

wir zu beachten, daß gleichgerichtete Kräfte links und rechts vom Momentenpunkt entgegengesetzt gerichtete Momente liefern. Wir erhalten folgendes Ergebnis:

| Nr. | Anordnung | $M_I$ | $M_{II}$ |
|---|---|---|---|
| A | 1, 2, 3, 4 | $\sqrt{8}\,Q \cdot b$ | $2\lambda Q b$ |
| B | 1, 3, 2, 4 | $\sqrt{2}\,Q b$ | $4\lambda Q b$ |
| C | 1, 2, 4, 3 | $\sqrt{10}\,Q b$ | 0 |

Die Anordnungen $A$ und $C$ haben nur wenig voneinander verschiedene Werte für $M_I$ (2,83 $bQ$ gegen 3,16 $bQ$). Mit Rücksicht auf die Werte für $M_{II}$ wird man deshalb stets der Anordnung $C$ den Vorzug vor $A$ geben.

Da bei den Massenkräften 2. Ordnung der Faktor $\lambda$ (etwa gleich 0,2) auftritt, wird man im allgemeinen die Anordnung $B$ der Anordnung $C$ mit Rücksicht auf die Werte für $M_I$, die bei der Anordnung $B$ nur $\sqrt{2} : \sqrt{10} = 0,45$ mal so groß sind wie bei Anordnung $C$, vorziehen. Wenn man aber Grund hat, gefährliche Resonanzerscheinungen mit der Periodenzahl gleich der doppelten Drehzahl befürchten zu müssen, wird man unter Umständen die Anordnung $C$ wählen.

6. **Die Vierzylinder-Viertaktmaschine.** Die Kurbelversetzung ist mit Rücksicht auf gleiche Zündfolge $\dfrac{4\pi}{4} = 180°$. Man wird die Anordnung spiegelbildlich zur Mittelebene ausbilden. Jeder Kurbel auf der einen Seite entspricht dann eine gleichgerichtete Kurbel auf der anderen Seite der Symmetrieebene. Die Momentenbeiträge der zugehörigen Massenkräfte heben sich gegeneinander auf. Wir sehen, daß für symmetrische Anordnungen die resultierenden Massenkräfte entweder Null sind oder in der Mittelebene liegen. Wir brauchen deshalb hier nur die beiden Massenkraftdiagramme aufzustellen (Abb. 97). Die resultierende Massenkraft $P_I$ ist Null, während sich die Massenkräfte 2. Ordnung alle addieren, so daß $P_{II} = 4\lambda Q$ wird.

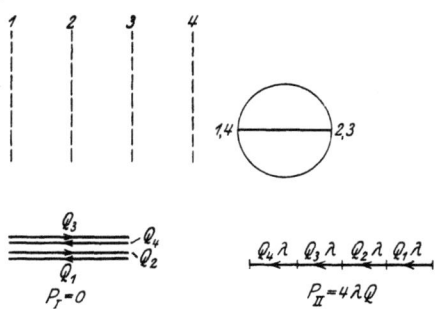

Abb. 97. Vierzylinder-Verbrennungskraftmaschine mit 180° Kurbelversetzung.

7. **Die Sechszylinder-Zweitaktmaschine.** Die Kurbelversetzung für gleiche Zündfolge ist $\dfrac{2\pi}{6} = 60°$. Das

Massenkraftdiagramm 1. Ordnung gibt ein geschlossenes Sechseck, das 2. Ordnung zwei übereinanderliegende geschlossene Dreiecke. Es ist also $P_I = P_{II} = 0$.

Zur Wahl steht noch, in welcher Reihenfolge die 6 Zylinder zur Zündung kommen sollen. Für $n = 6$ sind nach der vorhin aufgestellten Formel $\frac{1}{2}(n-1)! = 60$ verschiedene Anordnungen möglich, aus denen wir jene herauszusuchen haben, für die $M_I$ und $M_{II}$ möglichst geringe Werte haben.

Es läßt sich zeigen, daß es keine Anordnung gibt, für die $M_I$ und $M_{II}$ gleichzeitig zu Null werden. Wohl aber gibt es Anordnungen, für die $M_I$ verschwindet, und aus diesen haben wir die mit dem geringsten Wert für $M_{II}$ herauszusuchen.

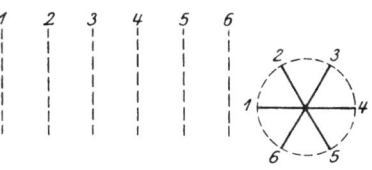

Abb. 98. Sechszylinder-Verbrennungskraftmaschine mit 60° Kurbelversetzung (Zweitakt).

Es würde zu weit führen, alle 60 Möglichkeiten hier aufzuführen. Wir stellen einige Anordnungen in der Tabelle zusammen, unter denen sich auch die günstigsten mit befinden. Von den in der Tabelle angegebenen Anordnungen ist die unter Nr. D aufgeführte die vorteilhafteste.

| Nr. | Anordnung | $M_I$ | $M_{II}$ |
|---|---|---|---|
| A | 1, 2, 3, 4, 5, 6 | $6bQ$ | $2\sqrt{3}\,b\lambda Q$ |
| B | 1, 3, 6, 2, 4, 5 | $2bQ$ | $4\cdot\sqrt{3}\,b\lambda Q$ |
| C | 1, 2, 6, 4, 5, 3 | $6bQ$ | $2\sqrt{3}\,b\lambda Q$ |
| D | 1, 6, 2, 4, 3, 5 | 0 | $2\sqrt{3}\,b\lambda Q$ |
| E | 1, 4, 5, 2, 3, 6 | 0 | $4\sqrt{3}\,b\lambda Q$ |
| F | 1, 3, 2, 4, 6, 5 | $6bQ$ | $2\sqrt{3}\,b\lambda Q$ |
| G | 1, 4, 2, 6, 3, 5 | $2\sqrt{3}\,bQ$ | 0 |

**8. Die Sechszylinder-Viertaktmaschine.** Die Versetzung in der Zündfolge ist $\frac{4\pi}{6} = 120°$. Es sind je 2 Kurbeln gleichgerichtet, in deren Zylinder um 360° versetzte Zündungen erfolgen. Die Gesamtanordnung setzt sich also aus 2 Dreizylinderanordnungen zusammen.

Wie bei der Dreizylinderanordnung ist Massenausgleich 1. und 2. Ordnung vorhanden. Die Zuordnung der Kurbeln von Längsriß und Kurbelkreis (Abb. 93) hat also nur auf die Momente Einfluß. Da je 2 Kurbeln gleichgerichtet sind, können wir die

Anordnung symmetrisch ausbilden. Mit der Symmetrie ist aber, wie wir vorher sahen, Ausgleich der Momente verbunden. Bei der symmetrischen Anordnung sind mit 1 die Kurbel 6, mit 2 Kurbel 5 und mit 3 Kurbel 4 gleichgerichtet. In der Projektion des Kurbelkreises gibt es deshalb nur eine Anordnung (Abb. 99), bei der nur noch der Drehsinn gewählt werden kann, was aber keinen Einfluß auf die Massenkräfte hat. Wir haben aber immer noch die Freiheit, welcher der beiden Zylinder 2 oder 5 auf 1 zur Zündung kommen soll, und ebenso ob nach diesem Zylinder 3 oder 4 folgen soll. Es sind noch 4 Möglichkeiten (1, 2, 3, 6, 5, 4 oder 1, 5, 3, 6, 2, 4 oder 1, 2, 4, 6, 5, 3 oder 1, 5, 4, 6, 2, 3) mit vollständigem Ausgleich der Kräfte und Momente offen. Den Ausschlag gibt eine andere Überlegung (zeitlich möglichst gleichmäßige Belastungen der Kurbelwelle) zugunsten der Anordnung 1, 5, 3, 6, 2, 4 oder der zugehörigen Anordnung mit dem entgegengesetzten Drehsinn 1, 4, 2, 6, 3, 5.

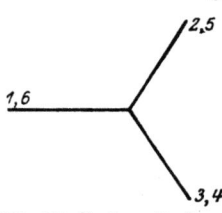

Abb. 99. Sechszylinder-Verbrennungskraftmaschine mit 120° Kurbelversetzung (Viertakt).

Bei mehr als 6 Zylindern wird man im allgemeinen auf mehrere Weisen vollständigen Ausgleich der Kräfte und Momente herbeiführen können.

## IX. Gravitation und Trägheit.

Wir nehmen an, es sei uns eine Anordnung der Abb. 100 gegeben, also eine Feder, die an einem festen Punkt $A$ aufgehängt ist und die an ihrem unteren Ende eine Masse $m$ trägt. Die Anordnung sei an irgendeiner Stelle der Erde aufgestellt. Wir kennen die Größe der Masse $m$ und die Abmessungen der Feder. Vor allem ist nach den Ausführungen in § 1 der Wert der Federkonstanten $c$ wichtig, der nach der Gleichung $P = c \cdot \varDelta l$ die Beziehung zwischen Federkraft und Formänderung angibt.

Wir machen nun mit dieser Anordnung auf der Erde zwei Feststellungen, die scheinbar nichts miteinander zu tun haben:

1. Wir stellen eine Durchbiegung $\varDelta l_0$ unter dem Einfluß der Erdanziehung fest und schließen daraus, daß eine Kraft $P_0 = c \cdot \varDelta l_0 = m \cdot g$ auf die Masse $m$ ausgeübt wird. Wir nennen diese Kraft die Anziehungskraft der Erde und sprechen von einem Gravitationsfeld der Erde. Es ist durch Versuche mit verschiedenen, nacheinander an die Feder angehängten Massen festgestellt worden,

Gravitation und Trägheit. 137

daß die Durchbiegung $\Delta l_0$ verhältnisgleich der Masse $m$ ist. Die Verhältnisgröße wird mit $g$ bezeichnet. Es ist ferner durch Versuche an verschiedenen Stellen der Erde festgestellt worden, daß die Durchbiegung $\Delta l_0$ unter der gleichen Masse vom Orte abhängt. Wir schließen daraus, daß die Anziehungskraft der Erde (oder die vorhin angegebene Größe $g$) an den verschiedenen Stellen der Erde verschieden groß ist. Wir können mit dieser Anordnung das Gravitationsfeld der Erde ausmessen. Andererseits benutzen wir die Anordnung, um an der gleichen Stelle der Erde (also bei konstantem $g$) verschiedene Körper auf ihren Massengehalt zu untersuchen, indem wir $\Delta l_0$ als Maßstab für $m$ betrachten. Wir stellen die „schwere Masse" des Körpers fest.

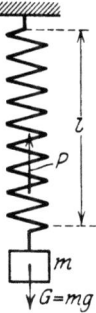

2. Ganz unabhängig von den vorstehenden Feststellungen beobachten wir, daß die Anordnung eine ganz bestimmte Schwingungsdauer $T$ hat. Wenn wir nämlich die Durchbiegung über die Gleichgewichtslage $\Delta l_0$ steigern und das System sich selbst überlassen, so wissen wir nach den Ausführungen in § 1, daß dann an $m$ eine Kraft $P - P_0 = c\,(\Delta l - \Delta l_0)$ angreift. Unter dem Einfluß dieser Kraft bewegt sich die Masse nicht plötzlich in die Gleichgewichtslage, sondern es steht der Bewegung ein Hemmnis entgegen, das wir das Trägheitsfeld nennen wollen. Das Trägheitsfeld bewirkt, daß die Bewegung der Masse nach der Formel erfolgt:

Abb. 100. Schwingungsanordnung (Feder mit Gewicht).

$$P - P_0 = m\frac{dv}{dt}.$$ In § 1 haben wir daraus die Schwingungsdauer

$T$ gleich $2\pi\sqrt{\dfrac{m}{c}}$ abgeleitet. Wie im vorausgehenden Fall bei der Gravitation können wir wieder Beobachtungen an der Schwingungsanordnung mit verschiedenen Massen und an verschiedenen Stellen der Erde anstellen:

Wir können zuerst am gleichen Ort der Erde verschiedene Körper an die gleiche Feder hängen. Aus der Schwingungsdauer $T$ können wir, da $c$ und das Trägheitsfeld gleich bleiben, auf die Größen der Massen $m$ der verschiedenen Körper schließen. Wir stellen ihre „trägen Massen" fest. Die Feststellung hat scheinbar nicht das geringste mit der unter 1. genannten Bestimmung der „schweren Masse" zu tun, da sie auf andere Weise gewonnen wird. Das geht schon daraus hervor, daß wir den Schwingungsversuch gar nicht in lotrechter Richtung auszuführen brauchen. Wir können vielmehr die Anordnung in beliebiger Richtung neigen, wenn wir dafür sorgen, daß die Erdanziehung der Masse keinen Einfluß auf die Bewegung hat, was z. B. durch eine gradlinige Führung, längs deren sich die Masse bewegen kann, zu erreichen ist. Wir schließen aus dieser Feststellung, daß sich das Trägheitsfeld nach allen Richtungen gleichmäßig erstreckt, während für das Gravitationsfeld die lotrechte Richtung ausgezeichnet ist.

Die beiden Versuche, die mit der Anordnung nach Abb. 1 am gleichen Orte der Erde angestellt werden können, ergeben, daß „schwere Masse" und „träge Masse" verhältnisgleich zueinander sind. D. h., wenn man von zwei Körpern weiß, daß sie gleiche schwere Masse, gemessen durch gleiches $\Delta l_0$, haben, so weiß man aus der Erfahrung, daß sie dann auch gleiche träge Masse, gemessen durch gleiches $T$, haben. Das ist nach der bisherigen Auffassung von Gravitation und Trägheit durchaus nicht selbstverständlich, sondern nur eine Erfahrungstatsache, die vor allem durch die äußerst feinen Messungen des ungarischen Forschers Etvös gegen Ende des vorigen Jahrhunderts erhärtet worden ist.

Man wird nun den Schwingungsversuch an verschiedenen Orten der Erde anstellen, um Abweichungen in der Stärke des Trägheitsfeldes, ähnlich wie man sie in der Stärke des Gravitationsfeldes gefunden hat, zu suchen. Abschließende Versuche in dieser Richtung liegen nicht vor. Es ist aber zu beachten, daß eine Veränderlichkeit in der Stärke des Trägheitsfeldes nicht nur auf die Schwingungsdauer der Anordnung nach Abb. 100 sondern auch auf den Gang jeder mechanischen Uhr[1]) von Einfluß sein müßte, und daß eine Abhängigkeit des Ganges der mit einer Unruhe ausgerüsteten Uhren vom Orte, die sofort auffallen müßte, bisher nicht beobachtet worden ist. Wir schließen, daß das Trägheitsfeld — im Gegensatz zum Gravitationsfeld — an allen Stellen der Erde und nach jeder Richtung den gleichen Wert hat. Für die Erforschung des Trägheitsfeldes ist uns diese Feststellung von grundlegender Wichtigkeit.

Nachdem wir haben feststellen können, woher das Gravitationsfeld rührt, legen wir uns die Frage vor, was die Ursachen des Trägheitsfeldes sind.

Es kommen hier zwei verschiedene Auffassungen vom Aufbau der Welt und des Raumes in Frage: Nach der älteren Auffassung nahm man einen absoluten mit Weltenäther erfüllten Raum an. Der Äther diente hier als Träger der Anziehungskräfte, des Trägheitsfeldes, der Licht- und Wärmefortpflanzung usw. Die nach

---

[1]) Auf den Gang der Pendeluhren hat das Gravitationsfeld und das Trägheitsfeld, auf den Gang der Uhren mit Unruhe nur das Trägheitsfeld Einfluß.

Größe und Richtung allerorts konstante Stärke des Trägheitsfeldes hätte sich nach dieser Theorie zwangläufig ergeben. Von Äther nahm man an, daß er unzusammendrückbar oder sein Elastizitätsmodul unendlich groß sei.

Nach Auffassung der neueren Zeit, die auf Machs Relativitätsbetrachtungen, auf A. Föppls Überlegungen betreffend die geometrischen Beziehungen der relativen Massenbewegungen und auf Einsteins Relativitätstheorie mit dem so kühnen und fruchtbaren Gedanken der Relativität der Zeit aufbaut, gibt es keinen absoluten Raum. Alle Äußerungen, die ein Bezugsystem festlegen, sind nach der Theorie vom relativen Raum nur Folgen der umgebenden Massenverteilung.

Wir legen uns im Anschluß an die Betrachtungen, die vom relativen Raum ausgehen, die Frage vor, woher rührt das Trägheitsfeld, das wir auf unserer Erde feststellen? Die Gleichheit zwischen schwerer und träger Masse ließe von vornherein die Vermutung zu, daß Trägheitsfeld und Gravitationsfeld auf den gleichen Ursprung — d. h. auf die Masse der Erde — zurückzuführen wären. Wenn aber das Trägheitsfeld wie das Gravitationsfeld von der Masse der Erde herrühren würde, so müßte das Trägheitsfeld an den verschiedenen Stellen der Erde verschiedenen Wert haben, was, wie oben gesagt, nicht zutrifft. Die nächste Möglichkeit wäre die, daß das Trägheitsfeld der Erde eine Folge der Sonnenmasse, die gegenüber der Erdenmasse als unendlich groß angesehen werden kann, wäre. Aber auch diese Vermutung kann man nicht aufrecht erhalten, nachdem die Erde zu den verschiedenen Jahreszeiten verschiedenen Abstand von der Sonne hat, ohne daß eine Verschiedenheit in der Stärke des Trägheitsfeldes — d. h. eine periodische Abweichung im Gang der mechanischen Uhren auf der Erde gegenüber der Sternzeit — zu beobachten wäre. Wir könnten weiter vermuten, daß das Trägheitsfeld von den Massen der Sternenwelt herrühre. Aber auch hiergegen spricht die Tatsache, daß die naheliegenden Massen der Erde und der Sonne keinen Einfluß auf das Trägheitsfeld auf der Erde ausüben — wenigstens ist bisher kein solcher Einfluß festgestellt worden — und daß das Trägheitsfeld nach allen Richtungen gleiche Stärke hat. Nachdem uns doch die Gravitation, die verwandt mit der Trägheit ist, lehrt, daß die Stärke des Feldes nicht nur von der Größe der sich anziehenden Massen, sondern auch von ihrem Abstand abhängt, müssen wir aus der unveränderlichen Größe des Trägheitsfeldes schließen, daß auch die Sternenwelt nicht die Urheberin des Trägheitsfeldes sein kann.

Die Überlegung führt zu dem Ergebnis, daß der Raum selbst die Eigenschaften, die das Trägheitsfeld erkennen läßt, besitzen muß. Wir kommen so allerdings wieder zu der Annahme des absoluten Raums oder eines ihn erfüllenden Äthers, die früher aufgegeben werden mußte, weil gewisse Erscheinungen (Michelson-Versuch) damit im Widerspruch standen. Wir werden aber sehen, daß dieser Widerspruch verschwindet, wenn wir dem Raum gerade die Eigenschaften zuschreiben, die die Trägheitserscheinungen nahelegen.

Wir nehmen also an, daß der Raum oder der ihn erfüllende Äther der Träger der Trägheitserscheinungen ist. D. h., wenn wir Schwingungsversuche mit der Anordnung nach Abb. 100 an beliebiger Stelle des Raumes machen, so erhalten wir gleiche Schwingungsdauern. Wir lassen es dabei dahingestellt sein, ob der Raum selbst als Träger der Trägheitserscheinungen anzusprechen ist, oder ob er mit einem Äther ausgefüllt ist, der die Trägheitserscheinungen auslöst, wenn die Masse gegen ihn beschleunigt wird. Wir werden im nachfolgenden kurz von „Raum" sprechen, ohne auf diese Frage einzugehen. Es kommt uns nur darauf an, die Eigenschaften festzustellen, die diesem Raum (oder dem ihn ausfüllenden Äther) zukommen müssen, damit er die Trägheits- und Gravitationserscheinungen aufbringen kann, die mit den Beobachtungen übereinstimmen.

Um den Festpunkt $A$ zu vermeiden, werden wir die Anordnung nach Abb. 100 symmetrisch zu $A$ ausführen, so daß wir die Anordnung Abb. 101 mit 2 Massen und doppelt so langer Feder erhalten. Bei der Versuchsausführung machen wir zuerst die einschränkende Vorschrift, daß die die Versuche ausführenden Beobachter alle in dem gleichen Koordinatensystem ruhend aufgestellt sein mögen. Wenn der Raum der Träger des Trägheitsfeldes ist, werden alle Beobachter mit der gleichen Vorrichtung, die gleiche Schwingungsdauer messen.

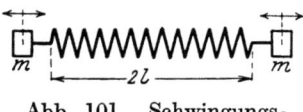

Abb. 101. Schwingungsanordnung.

Wir fragen uns nun, welches Ergebnis erhalten wird, wenn die Beobachtungen in 2 gegeneinander gleichförmig bewegten (d. h. nicht beschleunigten) Systemen ausgeführt werden. Wir setzen dabei ausdrücklich voraus, daß die Relativgeschwindigkeit der beiden Systeme gegeneinander klein sein soll gegen die Lichtgeschwindigkeit, so daß die Definitionen gleicher Zeiten und Längen in beiden Systemen keine Schwierigkeiten bereitet. Die Betrachtung der Bewegungen der Massen auf der Erde und der Weltkörper gegeneinander lehrt uns, daß die Geschwindigkeiten auf die übertragenen Kräfte keinen Einfluß haben, sondern daß die Kräfte $P$

nur in Beziehung zu den Beschleunigungen $b$ stehen. Wir schließen daraus, daß die Schwingungsversuche in den beiden gleichförmig gegeneinander bewegten Systemen gleiche Ergebnisse liefern werden, oder daß es kein Mittel gibt, das eine System als das gegen den Raum ruhende, das andere als das gegen den Raum bewegte zu bezeichnen. Wir haben uns deshalb den Raum so vorzustellen, daß es nur Beschleunigungen gegen ihn aber keine Bewegungen relativ zu ihm gibt. Oder wenn wir wieder das Wort „Raum" durch das Wort „Weltenäther" ersetzen wollen, so haben wir die Einschränkung zu machen, daß der Äther nicht materiell sein kann, oder daß er nicht aus einzelnen bestimmbaren Ätherteilchen besteht. Es kann demnach auch nicht von Bewegungen oder Geschwindigkeiten der einzelnen Ätherteilchen zueinander oder von Geschwindigkeiten eines Ätherteilchens zu einer Masse oder umgekehrt gesprochen werden. Sondern der Raum (oder der Weltenäther) hat nach den Trägheitserscheinungen zu urteilen nur die Eigenschaft, daß eine Beschleunigung der Masse relativ zu ihm eine Kraft auslöst oder daß eine Kraft, die auf die Masse ausgeübt wird, eine Beschleunigung der Masse relativ zum Äther zur Folge hat, daß es aber keine Geschwindigkeit in ihm und keine Geschwindigkeit einer Masse relativ zu ihm gibt.

Wir greifen jetzt auf das früher erhaltene Ergebnis (§ 27) zurück, daß der Elastizitätsmodul des Äthers gleich Null ist. Das heißt aber, daß sich der Äther beliebig zusammendrücken läßt, ohne daß er sich irgend ändert. Und dieses Ergebnis stimmt mit dem vorausgehenden Ergebnis überein, daß es relativ zum Äther keine Geschwindigkeit gibt. Denn gäbe es Geschwindigkeit der einzelnen Ätherteilchen zueinander, so müßte sich auch die Anhäufung des Äthers an einer Stelle bemerkbar machen.

Die Eigenschaften, die wir auf Grund obiger Überlegungen dem Äther beilegen müssen, sind grundverschieden von den Eigenschaften, die wir an der Materie kennen, so verschieden, daß es ausgeschlossen ist, sich eine materielle Vorstellung vom Äther zu machen. Wir wollen jetzt versuchen, die Ätherschwingung auf Grund der Eigenschaften, die wir kennengelernt haben, neu darzustellen.

Die wesentlichste Eigenschaft des Äthers ist die, daß es Geschwindigkeiten der einzelnen Bestandteile zueinander nicht gibt, sondern daß man nur von Beschleunigungen sprechen kann. Es ist demnach nicht angängig, sich die Ätherschwingung — etwa die Lichtübertragung — als etwas Ähnliches einer materiellen Schwingung vorzustellen. Denn das Wesentliche der materiellen Schwingung ist gerade die relative Geschwindigkeit der einzelnen

Teile zueinander. Unter Ätherschwingung müssen wir uns dagegen die relative Beschleunigung der einzelnen Teile zueinander vorstellen. Wir nehmen also an, daß durch einen Impuls ein Teilchen an der Stelle $x$ gegenüber dem Teilchen $x + dx$ beschleunigt ist, daß infolge der zwischen beiden bestehenden, von der Beschleunigung abhängigen Kraft das Teilchen $x + dx$ gegen $(x + 2\,dx)$ beschleunigt wird usw. Da aber, sobald die Beschleunigung aufhört, wieder Gleichgewicht herrscht — es findet ja keine relative Bewegung statt —, findet kein Überschlagen der Bewegung nach der entgegengesetzten Seite und kein Rückpendeln — Charakteristika der materiellen Schwingung — statt. Der Impuls wird nicht als Schwingung, sondern als einmaliger Beschleunigungsausschlag fortgeleitet. Die Größe des einzelnen Impulses gibt die Art der Ätherwelle, wobei für jede Art noch als besonderes Kennzeichen der Abstand zwischen zwei Impulsen oder die Wellenlänge in Frage kommt. Außerdem tritt noch die Richtung des Impulses in die Erscheinung. Die Ätherwelle ist einfacher aufgebaut als die materielle Welle, da bei ihr nur die Beschleunigung und die mit der Beschleunigung verbundene Kraft, d. h. die Fortleitung der Beschleunigung auftritt, während bei der materiellen Welle noch die Geschwindigkeit zu berücksichtigen ist.

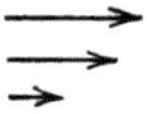

Abb. 102.

Da es keine Geschwindigkeiten relativ zum Äther gibt, können wir auch nicht von einer Fortpflanzungsgeschwindigkeit des Lichtes relativ zum Raum sprechen. Die Fortpflanzungsgeschwindigkeit kann vielmehr nur relativ zu einer Masse, an die ein Koordinatensystem geknüpft ist, gemessen werden. Da aber jede Masse im Raume mit der gleichen Berechtigung als ruhend angesehen werden kann, solange sie keine Beschleunigung erfährt, so muß die Fortpflanzungsgeschwindigkeit der Ätherwelle relativ zu jeder Masse die gleiche sein. Die weitere Verfolgung dieser Feststellung führt zur Einsteinschen speziellen Relativitätstheorie, nach der Zeit und Länge in verschiedenen gegeneinander bewegten Systemen als relative Größen aufgefaßt werden. Wir wollen auf diese Gedankengänge nicht eingehen, sondern unseren weiteren Betrachtungen nach wie vor die Annahme zugrunde legen, daß die Geschwindigkeiten der im Raume bewegten Massen zueinander vernachlässigbar klein sein soll gegen die Lichtgeschwindigkeit, so daß wir bei unseren Überlegungen mit den Galileischen Transformationen auskommen.

Wir haben nun die auffallende Tatsache, daß schwere und träge Masse einander gleich sind, in unsere Vorstellungen vom „Raume", die wir oben gegeben haben, einzupassen. Die Gleichheit weist

## Gravitation und Trägheit.

darauf hin, daß Gravitation und Trägheit miteinander in Beziehung stehen müssen. Wir haben die Trägheitserscheinungen als Folgen der Relativbeschleunigungen der Massen zum Raum (oder zu dem ihn erfüllenden Äther) festgestellt. Wir werden deshalb versuchen, die der Trägheit in ihrer Wirkung gleich scheinende Gravitation ebenfalls auf eine Beschleunigung des Raumes (oder des Äthers) relativ zur Masse zurückzuführen. Wir kommen durch diese Überlegung zu der Annahme, daß der Raum oder der ihn erfüllende Äther von der Masse angezogen wird, so daß der Raum ständig der Masse zuströmt. Wir müssen dabei nur beachten, daß es weder eine Geschwindigkeit der Masse zum Raum noch des Raumes zur Masse auf Grund der vorausgehenden Überlegungen geben kann. Wir müssen also die Strömung des Raumes zur Masse als eine Strömung ohne Geschwindigkeit auffassen, wie wir bei der Bewegung der Masse im Raum die Annahme machten, daß die Masse trotz Beschleunigung keine Geschwindigkeit zum Raum hat. Wie aber bei der Beschleunigung der Masse im Raum die Beschleunigung durch die Kraft, die mit ihr in Verbindung steht, festgestellt werden kann, so muß auch die Beschleunigung, die bei der Strömung des Raumes infolge der Anziehung durch die Masse auftritt, als Kraft für einen Körper, der sich in diesem Beschleunigungsfeld befindet, in die Erscheinung treten.

Man wird der Überlegung entgegenhalten, daß nicht dauernd Äther der Masse zuströmen kann; das ist aber auch gar nicht nötig. Denn so gut wir von zuströmendem Äther reden, können wir auch von abströmendem Äther reden. Nehmen wir z. B. an, eine kleine Masse $b$ sei in einiger Entfernung von der großen Masse $a$, gegen die sie ursprünglich ruhte, so wissen wir, daß der Äther in der Umgebung von $b$ nach $a$ hin beschleunigt wird. D. h. $b$ erleidet mit der Zeit eine Geschwindigkeit $v$ nach $a$ hin, die sich so lange steigert, bis beide Massen aufeinander stoßen. Wir nehmen weiter an, $b$ pralle vollständig elastisch auf $a$ auf, so daß es nach dem Aufprall eine rückläufige Bewegung mit an gleichen Stellen gleich großen aber entgegengesetzt gerichteten Werten für $v$ ausführt. Auf dem Weg der Masse $b$ nach $a$ hin ruhte $b$ in dem es umgebenden Äther und es machte nur dessen Beschleunigung nach $a$ hin mit. Da es keine Geschwindigkeit relativ zum Äther gibt, müssen wir auch sagen: Auf dem Rückweg von $a$ weg ruht $b$ in dem es umgebenden Äther und macht nur dessen Beschleunigung relativ zu $a$ mit, die ebenso groß ist wie an gleichen Stellen des Hinwegs. Wir sehen daraus, daß wir mit dem gleichen Rechte, mit dem wir von einem von der Masse zuströmenden Äther sprachen, auch von einem von der Masse abströmenden Äther sprechen können. Denn es kommt nicht auf die Geschwindigkeit, sondern auf die Beschleunigung an, und die ist in beiden Fällen die gleiche.

Es wäre natürlich abwegig, wenn man die Strömung etwa als eine gewöhnliche Potentialströmung auffassen wollte. Denn die Potentialströmung gilt für Flüssigkeiten, bei denen Druck- und Geschwindigkeit in einer bestimmten Beziehung zueinander stehen. Da aber der Elastizitätsmodul des Äthers null oder sehr klein ist, tritt überhaupt kein Druck in die Erscheinung und man kann deshalb auch keine Kontinuitätsbetrachtung anstellen.

Statt von einer Zuströmung des Äthers zur Masse können wir, da keine Geschwindigkeit auftritt, einfacher von einem Beschleunigungsfeld sprechen, in das der Äther durch die Masse versetzt wird. Unter Beschleunigungsfeld muß dabei nicht unbedingt eine absolute Änderung des Äthers verstanden werden; es ist nur der Begriff des Beschleunigungsfeldes der Raumstelle von einem dritten Punkte aus gesehen durch die in der Nähe befindliche Masse verschoben. Das „Beschleunigungsfeld" braucht aber keine Veränderung, die am Äther absolut vorgenommen wird, zu sein, sondern es kann auch als eine Veränderung, die im Äther relativ zu einer Masse auftritt, aufgefaßt werden.

Wir wollen das Ergebnis an einem Stein betrachten, der auf der Erde liegt. Infolge der Anziehung des Raumes durch die Erde führt der Stein eine beschleunigte Bewegung zum Raume aus, solange er auf der Erde ruht. Die beschleunigte Bewegung ist mit einer Kraft verknüpft, die verhältnisgleich der Steinmasse mal der Raumbeschleunigung $g$ ist. Die Raumbeschleunigung ist aber verhältnisgleich der Erdmasse mal dem Quadrate des Abstandes zwischen Erdschwerpunkt und Stein. Folglich muß zur Erzwingung der beschleunigten Bewegung des Steines gegen den Raum eine Kraft (die Auflagekraft) auf ihn ausgeübt werden, die verhältnisgleich der Erdmasse mal Steinmasse mal dem Quadrate des Schwerpunktsabstandes zwischen beiden ist. Die gleiche Kraft in entgegengesetzter Richtung wird auf die Erde übertragen, da die Erde sich im beschleunigten Raumfeld des Steines befindet. Wird der Stein von seiner Unterlage befreit, so bleibt er, da keine Kraft mehr auf ihn wirkt, in Ruhe zu dem ihn umgebenden Raum; da dieser aber eine Beschleunigung zur Erde erfährt, macht der Stein diese beschleunigte Bewegung relativ zur Erde mit.

Übertragen wir das Ergebnis auf die Bewegungen der Gestirne, so finden wir wieder, jedes Gestirn zieht den Raum (oder den ihn erfüllenden Äther) in einer Stärke an, die verhältnisgleich seiner

## Gravitation und Trägheit. 145

Masse ist. Die beschleunigte Bewegung des Raumes in der Umgebung der Gestirne ist verhältnisgleich dem Quadrate des Abstandes von der Gestirnmasse. Das Gestirn zieht aber den Raum gleichmäßig von allen Seiten an, so daß seine resultierende Beschleunigung gegen den Raum gleich Null ist. Die Bewegung der Gestirne im Raume besteht also darin, daß die Gestirne einerseits den Raum anziehen und daß andererseits ihre resultierende Bewegung gegen den Raum gleich Null ist. Was wir als Bewegung der Gestirne ansehen, ist eine Verzerrung des Raumes (oder des Äthers) oder eine geschwindigkeitslose Bewegung des Äthers infolge der Gestirne, während die Gestirne selbst in ihrem Raum ruhen. Wir kommen auf diese Bewegung noch zurück; wir müssen uns aber vorher noch mit dem Begriff der Beschleunigung im Raume befassen.

Die Beschleunigung einer Masse gegen den Raum. Der Begriff der Beschleunigung ist uns bekannt aus der Bewegung der Massen gegeneinander. Wir verstehen dann unter der Beschleunigung die zeitliche Änderung der Geschwindigkeit. Auf den Raum dürfen wir diese Definition nicht übertragen, da wir schon festgestellt haben, daß es gar keine Geschwindigkeit der Masse gegen den Raum gibt. Wir können unter diesen Umständen auch nicht von einer zeitlichen Änderung der Geschwindigkeit reden. Wir können aber die Beschleunigung einer Masse gegen den Raum, die ja immer in Verbindung stehen muß mit einer unmittelbar an der Masse angreifenden Kraft, wie folgt kennzeichnen: Wir greifen aus der Bewegung eines Körpers $m_1$ gegen den Raum einen Zeitpunkt $t$ heraus. Zu diesem Zeitpunkt hat der Körper, auf den eine Kraft einwirkt, nur eine Beschleunigung aber keine Geschwindigkeit gegen den Raum. Wir nehmen nun noch eine Vergleichsmasse $m_2$ in so weiter Entfernung an, daß die Raumanziehung der Massen keine Störung der Bewegung zur Folge hat. $m_2$ soll ferner im Augenblick $t$ keine Geschwindigkeit gegen $m_1$ haben, und auf $m_2$ soll keine Kraft ausgeübt werden. Mit $m_2$ denken wir uns ein Koordinatensystem, das gegen den Raum an keiner Stelle eine Beschleunigung erfährt (also ein drehungsfreies System), verbunden und betrachten die Bewegung von $m_1$, das unter dem Einfluß einer Kraft gegen den Raum beschleunigt wird, gegen unser System $m_2$. Wir stellen fest, daß $m_1$ zur Zeit $t + dt$ infolge der an $m_1$ wirkenden Kraft um $ds$ gegen die Ausgangslage vorgerückt ist. $\dfrac{ds}{dt}$ nennen wir die Beschleunigung der Masse $m_1$ gegen den Raum. Da zur Bestimmung der Größe von $\dfrac{ds}{dt}$ noch die Größe der Zeitspanne $dt$ gegeben sein muß, ersetzen wir den

Ausdruck für die Beschleunigung besser durch $\dfrac{ds}{dt^2}$. Eine zweite Ableitung $\dfrac{d^2s}{dt^2}$ können wir hier nicht bilden, da zur Zeit $t + dt$ die beiden Massen $m_1$ und $m_2$ zwar gegeneinander eine Bewegung ausführen, aber jede von ihnen mit der gleichen Berechtigung als gegen den Raum ruhend anzusprechen ist, so daß nicht von einer **Änderung** der Geschwindigkeit der einen Masse gegen den Raum gesprochen werden kann. Bei der Bildung von $\dfrac{ds}{dt^2}$ konnten wir feststellen, welches System eine Beschleunigung erlitten hat: jenes, auf das eine Kraft eingewirkt hat. Da aber zur Zeit $t + dt$ beide Bewegungen gleichberechtigt sind, so daß wir beide Massen als ruhend gegen den Raum betrachten müssen, so können wir keine Ableitung der Geschwindigkeit gegen den Raum bilden.

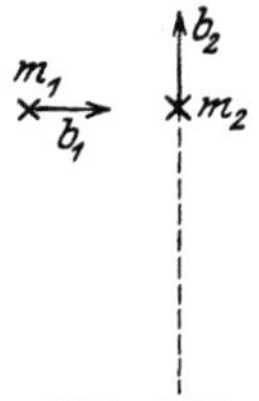

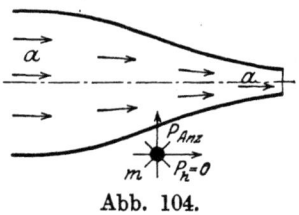

Abb. 103.

Die Beschleunigung einer Masse gegen den Raum haben wir somit als die **erste** Ableitung des Weges nach der Zeit definiert. Das ist ein wichtiges Ergebnis, das uns vor allem bei der Zusammensetzung der Kräfte, die gegeneinander beschleunigte Systeme aufeinander ausüben, wertvolle Dienste leistet. Wir nehmen z. B. an, eine Masse $m_1$ (Abb. 103) werde von einer Masse $m_2$, die selbst durch eine äußere Kraft eine Beschleunigung $b_2$ zu ihrem Raum erleidet, angezogen, d. h. der Raum $m_1$ werde nach $m_2$ beschleunigt. Die Beschleunigung des Raumes um $m_1$ gegen die Masse $m_2$ nennen wir $b_1$. Bei der Zusammensetzung der Bewegungen in einem Koordinatensystem, das die Bewegung der Massen gegeneinander darstellt, wird die Gesamtbeschleunigung durch geometrische Addition der Einzelbeschleunigungen erhalten. Da aber die Beschleunigung der Masse $m_1$ gegen den Raum als die 1. Ableitung bestimmt ist, hat $b_2$ auf die augenblickliche Größe der Anziehung des Raumes durch $m_2$ keinen Einfluß. Deshalb ist die augenblickliche Beschleunigung $b_1$ der Masse $m_1$ zum Raume unabhängig von $b_2$. Erst zur Feststellung der Relativbeschleunigung der beiden Massen gegeneinander werden die Relativbeschleunigungen beider gegen den Raum geometrisch addiert.

Abb. 104.

Die Richtigkeit des Ergebnisses kann durch einen Versuch nachgeprüft werden: In einem sich verjüngenden Rohr (Abb. 104) ströme ein Medium $a$, das infolge der Querschnittsveränderung eine beschleunigte Bewegung ausführt. Außerhalb des Rohres ist eine Masse $m$ so aufgehängt, daß sie unter dem Einfluß etwa auftretender Kräfte in horizontaler Richtung Verschiebungen ausführen kann. $m$ wird durch das Medium angezogen. Auf Grund der vorstehenden Ausführungen darf es aber keinen Einfluß auf die Anziehungskraft ausüben, ob das Medium $a$ ruht oder selbst eine beschleunigte Bewegung ausführt, d. h. es kann keine Kraft in horizontaler Richtung auf $m$ auftreten oder $P_h = 0$.

Daß nach der vorstehenden Theorie die Zentripetalkraft, die an einem Körper $m$ angreift, der sich etwa mit der Erde gegen den Raum dreht, keine Änderung gegenüber der bisherigen Vorstellung erfährt, bedarf keines Beweises: $m$ erleidet bei der Drehung der Erde gegen den Raum eine Beschleunigung (Drehbeschleunigung) gegen den Raum, der die Zentripetalkraft zugeordnet ist. Wir erkennen daraus auch, daß wir unter einem beschleunigungsfreien System ein solches verstehen müssen, das keine Drehungen gegen den Raum ausführt.

Die ausgezeichneten Koordinatensysteme. Ein Koordinatensystem ist in ausgezeichneter Weise zur Beschreibung der Naturgeschehnisse geeignet, wenn keines seiner Punkte eine beschleunigte Bewegung gegen den Raum ausführt. Von einem dieser ausgezeichneten Systeme betrachtet, unterscheiden sich die übrigen ausgezeichneten Systeme durch die Größe und die Richtung der Relativgeschwindigkeit. Es gibt also $\infty^4$ verschiedene Systeme, die alle mit dem gleichen Recht als gleichberechtigt oder als gegen den Raum (oder den Äther) ruhend angesprochen werden können. Wenn wir eines dieser Systeme gradlinig beschleunigen, so führen wir es nur in ein anderes gleichberechtigtes über. Wenn nur eine Masse, auf die keine Kraft wirkt, in dem ausgezeichneten System vorhanden ist, so ruht sie entweder oder sie führt eine gradlinige Bewegung mit gleichbleibender Geschwindigkeit im Koordinatensystem aus.

Das Raumzeitkontinuum (oder der Äther) bildet sich ebenfalls in allen ausgezeichneten Systemen in gleicher Weise als ruhend ab. Befindet sich aber eine Masse im Koordinatensystem, so erleidet das Raumzeitkontinuum in der Umgebung der Masse eine Unstetigkeit. Wir werden deshalb zweckmäßig den Koordinatenanfangspunkt in unendliche Entfernung von allen Massen legen, damit er sich außerhalb des Störungsgebietes befindet. Sind mehrere Massen im Raume gelegen, so werden die Räume, in denen sie liegen, sich gegenseitig durch die Anziehung des Raumes durch die Massen stören. Der Raum, in dem die eine Masse

148    Gravitation und Trägheit.

liegt, wird durch die andere Masse relativ zur anderen Masse beschleunigt. Aus dieser Beschleunigung und der Anfangsbewegung der betreffenden Masse gegen das Bezugssytsm ergibt sich die Bahnkurve im Koordinatensystem.

Wir nehmen zuerst an, es sei nur ein Körper im Weltenraum aufgestellt. Dieser ruht dann zum Äther; es wird aber der Äther in der Umgebung des Körpers in einen Beschleunigungszustand versetzt, dessen Intensität umgekehrt verhältnisgleich $r^2$ ist. Auf diesem Himmelskörper tritt bei einem Versuch, den einer seiner Bewohner etwa mit der Anordnung Abb. 101 ausführt, das gleiche Trägheitsfeld in die Erscheinung, das wir auf der Erde kennen.

Wenn ein zweiter Himmelskörper $b$ in die Nähe des ersten Himmelskörpers $a$ gerät (Abb. 105), so ist die Bewegung beider dadurch gekennzeichnet, daß sie zum Äther keine Beschleunigung haben und daß anderseits der Äther durch einen jeden von ihnen eine radiale Beschleunigung verhältnisgleich $\dfrac{m}{r^2}$ erleidet. Die relative Geschwindig-

Abb. 105.

keit beider Körper ist von der Anfangsgeschwindigkeit abhängig. Die relative Beschleunigung beider erhält man, wenn man die Beschleunigung eines jeden der beiden Körper relativ zu einem entfernt liegenden Punkt 0 im ungestörten Raum betrachtet: $a$ erleidet relativ zu 0 eine Beschleunigung $c\dfrac{m_b}{r^2}$ nach $b$ hin und $b$ eine Beschleunigung $c\dfrac{m_a}{r^2}$ nach $a$ hin. Wir definieren den Schwerpunkt $S$ durch $m_a : m_b = r_b : r_a$. Es folgt, daß $a$ und $b$ eine $\dfrac{1}{r_a}$ und $\dfrac{1}{r_b}$ verhältnisgleiche Beschleunigung zum ungestörten Raume haben und daraus folgt weiter, daß der oben festgelegte ideelle Punkt $S$ relativ zum ungestörten Raume ruht (d. h. keine Beschleunigung hat).

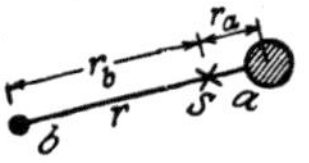

Die Bahnkurven der Gestirne. Wir wollen die vorstehenden Überlegungen auf die Bahnen der Gestirne, z. B. auf die Bahn der Erdenmasse ($m_E$) gegen die Sonnenmasse ($m_S$) anwenden. Wir wissen, daß jedes der $\infty^4$ ausgezeichneten Systeme gleichberechtigt ist zur Beschreibung der Bahnkurven. Wir werden eines davon etwa so auswählen, daß eine der beiden Massen (etwa $m_E$) zu einem bestimmten Zeitpunkt $t$ darin ruht. Den Koordinatenursprung legen wir, um aus dem Störungsgebiet herauszukommen, in genügend weite Entfernung von beiden Massen. Der Raum um $m_E$ erleidet aber eine Beschleunigung nach $m_S$

hin. $m_E$ führt deshalb in unserem Koordinatensystem eine beschleunigte Bewegung aus, d. h. es beschreibt mit der Zeit eine gekrümmte Bahn. Auch $m_S$ beschreibt mit der Zeit eine gekrümmte Bahn, da der Raum von $m_S$ durch $m_E$ beschleunigt wird. Nur ist entsprechend der geringeren Masse von $m_E$ die Beschleunigung des Raumes von $m_S$, die verhältnisgleich der anziehenden Masse $m_E$ ist, eine entsprechend geringe. $m_S$ beschreibt deshalb in unserem Koordinatensystem eine Bahn mit sehr geringer Krümmung oder in erster Annäherung eine gradlinige Bahn. Es ist deshalb für die Darstellung zweckmäßiger (aber nicht richtiger!), das Koordinatensystem so zu legen, daß die größere Masse, also die Sonne, zu Beginn der Zeit in Ruhe war. Sie wird infolge des geringen Raumbeschleunigungsvermögens der verhältnismäßig geringen Erdmasse nur geringe Bahnen in diesem System ausführen.

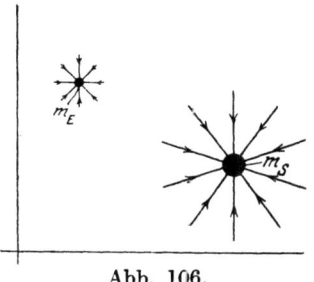

Abb. 106.

Noch zweckmäßiger ist es, das Koordinatensystem so zu legen, daß der Schwerpunkt von $m_E + m_S$ in 2 aufeinanderfolgenden Augenblicken in ihm am gleichen Orte zu liegen kommt. Denn die eben angestellte einfache Überlegung zeigt, daß der Schwerpunkt in diesem System dauernd in Ruhe bleibt.

Es ist aber zu beachten, daß das Schwerpunktskoordinatensystem nicht etwa an den Schwerpunkt als Koordinatenanfangspunkt geheftet werden darf, da der Raum in der Umgebung des Schwerpunktes eine beschleunigte Bewegung nach der Sonne zu erfährt. Das Schwerpunktskoordinatensystem ist vielmehr an eine Masse $m_k$, die in so weiter Entfernung von Erde und Sonne liegt, daß die Gravitationen beider keine Störung mehr in dieser Stelle hervorrufen, als Koordinatenanfangspunkt zu befestigen. $m_k$ ist dabei so zu wählen, daß der Schwerpunkt zu ihr in Ruhe ist.

So haben wir für die Beschreibung der Bewegung der Gestirne ein ausgezeichnetes Koordinatensystem kennengelernt: das Schwerpunktskoordinatensystem. Es ist dasselbe, das auch bisher schon zur Beschreibung der Bewegungen der Gestirne verwendet worden ist. Die Koordinatensysteme, die an $m_E$ oder $m_S$ dauernd geknüpft sind, sind nicht geeignet zur Beschreibung der Bewegung, da sich $m_E$ und $m_S$ in beschleunigten Ätherfeldern befinden.

Die Überlegung hat uns also geführt zu einem in bezug auf Beschleunigungen absoluten und in bezug auf Geschwindigkeiten relativen Raum. Wir wollen auf den Gedankengang nochmals kurz auf Grund folgender Annahmen eingehen:

Wir nehmen zuerst an, es sei nur eine Masse im Weltall, an der keine Kraft angreift. Dann kann durch Messungen auf dieser Masse — etwa durch die Messung der Abplattung, wenn die Masse deformierbar ist — festgestellt werden, ob die Masse gegen den Raum ruht oder eine drehende Bewegung ausführt. Im letzteren Falle führen Massenteilchen am Umfang des Körpers eine beschleunigte Bewegung gegen den Äther aus, die festgestellt werden kann. Es kann auch festgestellt werden, ob von außen eine Kraft auf die Masse wirkt (etwa durch ein unsichtbares Seil übertragen): Wenn eine Kraft wirkt, erleidet die Masse in Richtung der Kraft eine Beschleunigung gegen den Äther und diese Beschleunigung kann ein Beobachter auf der Masse durch Wiegeversuche mit Federwage feststellen.

Wir nehmen dann an, daß noch eine zweite Masse hinzutrete. Für das Verhalten der Massen gegeneinander ist es gleichgültig, ob jede der beiden Massen gegen den Raum ruht oder eine Drehung ausführt.

Um die Bahnen beider Massen gegeneinander zu beschreiben, stellen wir den Schwerpunkt fest und verbinden mit ihm ein Koordinatensystem. Die Bahnkurven in diesem System lassen sich in der nach der Newtonschen Mechanik üblichen Berechnungsweise ermitteln. Insbesondere wird die Bahnkurve der kleineren Masse, wenn beide Massen in der Größe stark voneinander verschieden sind, angenähert eine Ellipse. Besonders einfach wird der Fall, wenn die zweite Masse $m_b$ um die erste Masse $m_a$ eine kreisförmige Bahn beschreibt: dann bleiben beide Massen stets im gleichen Abstand voneinander. Jede der beiden Massen $m_a$ und $m_b$ beschreibt im ausgezeichneten System eine Kreisbahn mit den Halbmessern $r_b$ bzw. $r_a$, wobei $r_a$ und $r_b$ die Abstände der Massen $m_a$ und $m_b$ vom Schwerpunkt sind. Jede der beiden Massen ruht dabei in dem sie umgebenden Äther. Die Beschleunigungen, die die Massen relativ zu einer dritten im ungestörten Äther liegenden Masse erfahren, können deshalb auf keine Weise auf der Masse selbst festgestellt werden.

Wenn man dagegen, wie es bisher üblich war, mit dem Begriff der Fernkraft arbeitet, muß man einen zweiten Begriff, die Zentrifugalkraft, hinzunehmen, um die Tatsache, daß auf der Masse $m_a$ die Fernkraft nicht festgestellt werden kann, zu erklären.

**Die Vorzüge der neuen Theorie gegenüber der bisher üblichen Auffassung.** Die vorstehend entwickelte Raumtheorie liefert einen einfachen Grund für die Gleichheit von schwerer und träger Masse: Gravitation- und Trägheitserscheinungen sind gleich, weil sie auf die gleiche Ursache, Beschleunigung der Masse relativ zum Äther zurückgeführt werden können. Ein weiterer Vorzug ist der, daß die Bewegung der Massen gegeneinander und zum Raum (oder zum Äther) in besonders einfacher Weise dargestellt wird und daß der sehr schwerfällige Begriff der Fernkräfte in Wegfall kommt: Die Masse bleibt relativ zum Raum in Ruhe, solange keine Kräfte unmittelbar auf sie ausgeübt werden. Unmittelbare Kräfte bewirken eine Beschleunigung der Masse zum Raum und außerdem zieht die Masse den Raum an.

Die begriffliche Schwierigkeit liegt darin, daß der Raum oder der ihn erfüllende Äther einerseits als etwas absolutes insofern aufgestellt wird, als von Beschleunigungen der Massen relativ zum Raum gesprochen wird und daß andererseits der Begriff der Geschwindigkeit relativ zum Raum nicht vorhanden ist. Erleichtert wird aber diese Vorstellung durch die Beobachtungen, die wir an den Bewegungen auf der Erde machen: Auch hier spielen die Kräfte, die an den Körpern wirken, und die Beschleunigungen relativ zur Erde eine Rolle, während es auf die Geschwindigkeiten relativ zur Erde nicht ankommt. Trotzdem muß zugestanden werden, daß die Vorstellung eines Raumes oder eines ihn ausfüllenden Äthers, relativ zu dem es zwar Beschleunigungen aber keine Geschwindigkeiten gibt, dem menschlichen Geist nicht liegt. Ebensowenig ist aber auch die Vorstellung einer Fernkraft, mit der die bisherige Auffassung operierte, dem Menschen möglich: Man kann sich auf Grund der Erfahrung wohl vorstellen, daß zwei Massen gegenseitig Anziehungskräfte aufeinander ausüben. Wie aber diese Anziehung vor sich gehen soll, darüber vermag man sich kein Bild zu machen. Man wird der Theorie den Vorzug geben müssen, die die geringsten begrifflichen Schwierigkeiten bereitet. Ob von diesem Gesichtspunkt aus die vorhin entwickelten Ausführungen aufrecht erhalten werden können, vermag ich nicht zu entscheiden.

Verlag von Julius Springer in Berlin W 9

# Schnellaufende Dieselmaschinen

Beschreibungen, Erfahrungen, Berechnung, Konstruktion und Betrieb

Von

**Prof. Dr.-Ing. O. Föppl**  **Dr.-Ing. H. Strombeck**
Marinebaurat a. D., Braunschweig   Oberingenieur, Leunawerke

und

**Prof. Dr. techn. L. Ebermann**
Lemberg

Zweite, veränderte und ergänzte Auflage

Mit 147 Textabbildungen und 8 Tafeln, darunter Zusammenstellungen von Maschinen von AEG, Benz, Daimler, Danziger Werft, Germaniawerft, Görlitzer M. A., Körting und MAN Augsburg

1922.   Gebunden GZ. 8; gebunden $ 2.40

---

**Technische Schwingungslehre.** Ein Handbuch für Ingenieure, Physiker und Mathematiker bei der Untersuchung der in der Technik angewendeten periodischen Vorgänge. Von Dipl.-Ing. Dr. **Wilhelm Hort**, Oberingenieur bei der Turbinenfabrik der A. E. G., Privatdozent an der Technischen Hochschule in Berlin. Zweite, völlig umgearbeitete Auflage. Mit 423 Textfiguren. 1922.
Gebunden GZ. 20 / gebunden $ 4.80

**Drehschwingungen in Kolbenmaschinenanlagen und das Gesetz ihres Ausgleichs.** Von Dr.-Ing. Hans Wydler, Kiel. Mit einem Nachwort: Betrachtungen über die Eigenschwingungen reibungsfreier Systeme von Prof. Dr.-Ing. **Guido Zerkowitz**, München. Mit 46 Textfiguren. 1922.   GZ. 5; $ 1.45

**Die Berechnung der Drehschwingungen** und ihre Anwendung im Maschinenbau. Von **Heinrich Holzer**, Oberingenieur der Maschinenfabrik Augsburg-Nürnberg. Mit vielen praktischen Beispielen und 48 Textfiguren. 1921.
GZ. 5.5; gebunden GZ. 7.5 / $ 1.60; gebunden $ 2.—

**Elastizität und Festigkeit.** Die für die Technik wichtigsten Sätze und deren erfahrungsmäßige Grundlage. Von Prof. Dr.-Ing. **C. Bach** in Stuttgart. Unter Mitwirkung von Prof. **R. Baumann**. Neunte, verbesserte Auflage. Mit zahlreichen Textabbildungen und 25 Tafeln.   Erscheint im Oktober 1923

**Einführung in die Festigkeitslehre** nebst Aufgaben aus dem Maschinenbau und der Baukonstruktion. Ein Lehrbuch für Maschinenbauschulen und andere technische Lehranstalten, sowie zum Selbstunterricht und für die Praxis. Von Ingenieur **Ernst Wehnert**, Leipzig. Zweite, verbesserte und vermehrte Auflage. Mit 247 Textfiguren. Unveränderter Neudruck 1921.   GZ. 6; $ 1.45

---

*Die Grundzahlen (GZ.) entsprechen den ungefähren Vorkriegspreisen und ergeben mit dem jeweiligen Entwertungsfaktor (Umrechnungsschlüssel) vervielfacht den Verkaufspreis. Über den zur Zeit geltenden Umrechnungsschlüssel geben alle Buchhandlungen sowie der Verlag bereitwilligst Auskunft.*

Verlag von Julius Springer in Berlin W 9

**Aufgaben aus der technischen Mechanik.** Von Ferdinand Wittenbauer, o. ö. Professor der Technischen Hochschule in Graz.
Erster Band: Allgemeiner Teil. 848 Aufgaben nebst Lösungen. Vierte, vermehrte und verbesserte Auflage. Mit 627 Textfiguren. Unveränderter Neudruck 1921. Gebunden GZ. 5.5; gebunden $ 1.20
Zweiter Band: Festigkeitslehre. 611 Aufgaben nebst Lösungen und einer Formelsammlung. Dritte, verbesserte Auflage. Mit 505 Textfiguren. Unveränderter Neudruck 1922. Gebunden GZ. 6,4; gebunden $ 1,40
Dritter Band: Flüssigkeiten und Gase. 634 Aufgaben nebst Lösungen und einer Formelsammlung. Dritte, vermehrte und verbesserte Auflage. Mit 433 Textfiguren. Unveränderter Neudruck. 1922. Gebunden GZ. 6.4; gebunden $ 1.40

**Graphische Dynamik.** Ein Lehrbuch für Studierende und Ingenieure. Mit zahlreichen Anwendungen und Aufgaben. Von Ferdinand Wittenbauer †, Professor an der Technischen Hochschule in Graz. Mit 745 Textfiguren. 1923.
Gebunden GZ. 18; gebunden $ 4.—

**Theoretische Mechanik.** Eine einleitende Abhandlung über die Prinzipien der Mechanik. Mit erläuternden Beispielen und zahlreichen Übungsaufgaben. Von Prof. A. E. H. Love, Oxford. Autorisierte deutsche Übersetzung der zweiten Auflage von Dr.-Ing. Hans Polster. Mit 88 Textfiguren. 1920.
GZ. 12; gebunden GZ. 14 / $ 8.50; gebunden $ 8.90

**Ed. Autenrieth, Technische Mechanik.** Ein Lehrbuch der Statik und Dynamik für Ingenieure. Neu bearbeitet von Dr.-Ing. Max Ensslin, Eßlingen. Dritte verbesserte Auflage. Mit 295 Textabbildungen. 1922.
Gebunden GZ. 15; gebunden $ 3,15

**Lehrbuch der technischen Mechanik** für Ingenieure und Studierende. Zum Gebrauche bei Vorlesungen an Technischen Hochschulen und zum Selbststudium. Von Prof. Dr.-Ing. Theodor Pöschl, Prag. Mit 206 Abbildungen. 1923.
GZ. 6; gebunden GZ. 7.25 / $ 1.45; gebunden $ 1.75

**Ingenieur-Mechanik.** Lehrbuch der technischen Mechanik in vorwiegend graphischer Behandlung. Von Dr.-Ing. Dr. phil. Heinz Egerer, Diplom-Ingenieur, vormals Professor für Ingenieur-Mechanik und Materialprüfung an der Technischen Hochschule Drontheim.
Erster Band: Graphische Statik starrer Körper. Mit 624 Textabbildungen sowie 288 Beispielen und 145 vollständig gelösten Aufgaben. 1919. GZ. 10.5; $ 2.55
Band 2—4 in Vorbereitung. Der zweite und dritte Band behandeln die gesamte Mechanik starrer und nichtstarrer Körper.
Der vierte Band bringt die Erweiterung der Festigkeitslehre und Dynamik für Tiefbau-, Maschinen- und Elektroingenieure.

**Ingenieur-Mathematik.** Lehrbuch der höheren Mathematik für die technischen Berufe. Von Dr.-Ing. Dr. phil. Heinz Egerer, Diplom-Ingenieur, vormals Professor für Ingenieur-Mechanik und Materialprüfung an der Technischen Hochschule Drontheim.
Erster Band: Niedere Algebra und Analysis. — Lineare Gebilde der Ebene und des Raumes in analytischer und vektorieller Behandlung. — Kegelschnitte. Mit 320 Textfiguren und 575 vollständig gelösten Beispielen und Aufgaben. Unveränderter Neudruck. 1923. Gebunden GZ. 12; gebunden $ 3.—
Zweiter Band: Differential- und Integralrechnung. — Reihen und Gleichungen. — Kurvendiskussion. — Elemente der Differentialgleichungen. — Elemente der Theorie der Flächen und Raumkurven. — Maxima und Minima. Mit 477 Textabbildungen und über 1000 vollständig gelösten Beispielen und Aufgaben. 1922. Gebunden GZ. 17; gebunden $ 4.10
Dritter Band: Gewöhnliche Differentialgleichungen, Flächen, Raumkurven, partielle Differentialgleichungen, Wahrscheinlichkeits- und Ausgleichsrechnung, Fouriersche Reihen usw. In Vorbereitung

---

*Die Grundzahlen (GZ.) entsprechen den ungefähren Vorkriegspreisen und ergeben mit dem jeweiligen Entwertungsfaktor (Umrechnungsschlüssel) vervielfacht den Verkaufspreis. Über den zur Zeit geltenden Umrechnungsschlüssel geben alle Buchhandlungen sowie der Verlag bereitwilligst Auskunft.*

# Grundzüge der
# Technischen Schwingungslehre

Von

## Prof. Dr.-Ing. Otto Föppl
Braunschweig, Technische Hochschule

Mit 106 Abbildungen im Text

Berlin
Verlag von Julius Springer
1923

Alle Rechte, insbesondere das der Übersetzung
in fremde Sprachen, vorbehalten.

ISBN-13: 978-3-642-89687-3    e-ISBN- 978-3-642-91544-4

DOI: 10.1007/ 978-3-642-91544-4

MIX
Papier aus verantwortungsvollen Quellen
Paper from responsible sources
FSC® C105338

If you have any concerns about our products,
you can contact us on
**ProductSafety@springernature.com**

In case Publisher is established outside the EU,
the EU authorized representative is:
**Springer Nature Customer Service Center GmbH
Europaplatz 3, 69115 Heidelberg, Germany**

Printed by Libri Plureos GmbH
in Hamburg, Germany